100种思维

力量的来源

[法] 布莱士·帕斯卡 - 著　李东旭 - 编译

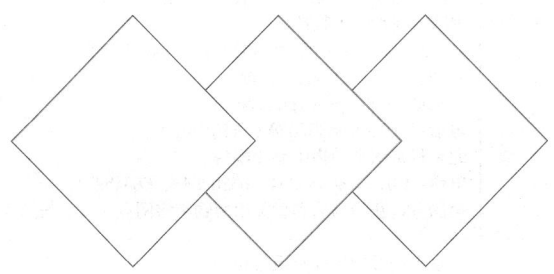

中国水利水电出版社
www.waterpub.com.cn
·北京·

内 容 提 要

本书从思维方式切入，扣问人心和人性，阐述人的本质，窥见社会和宇宙的真相，证实了人的思维的无穷力量和不可替代性，并强调了人独立思考的重要性。思维方式决定了人们面对世界和处理世事的方式，好的思维方式，能够让人们更好地面对未来，让生活更精彩。

图书在版编目（CIP）数据

100种思维：力量的来源 /（法）布莱士·帕斯卡著；李东旭编译. -- 北京：中国水利水电出版社，2020.12（2021.4重印）
 ISBN 978-7-5170-9336-7

Ⅰ. ①1… Ⅱ. ①布… ②李… Ⅲ. ①思维心理学－通俗读物 Ⅳ. ①B842.5-49

中国版本图书馆CIP数据核字(2020)第270067号

书　　名	**100种思维：力量的来源** 100 ZHONG SIWEI: LILIANG DE LAIYUAN
作　　者	［法］布莱士·帕斯卡　著　李东旭　编译
出版发行	中国水利水电出版社 （北京市海淀区玉渊潭南路1号D座　100038） 网址：www.waterpub.com.cn E-mail：sales@waterpub.com.cn 电话：（010）68367658（营销中心）
经　　售	北京科水图书销售中心（零售） 电话：（010）88383994、63202643、68545874 全国各地新华书店和相关出版物销售网点
排　　版	北京水利万物传媒有限公司
印　　刷	唐山楠萍印务有限公司
规　　格	146mm×210mm　32开本　7.25印张　120千字
版　　次	2020年12月第1版　2021年4月第2次印刷
定　　价	45.00元

凡购买我社图书，如有缺页、倒页、脱页的，本社发行部负责调换
版权所有·侵权必究

前言

胡适曾经说：" 凡研究人生切要的问题，从根本上着想，要寻一个根本的解决：这种学问叫做哲学。" 李泽厚说：" 让哲学主题回到世间人际的情感中来吧，让哲学形式回到日常生活中来吧。" 这也是出版本套 " 答案之书 " 的根本出发点，让哲学来解决人生的切要问题，让哲学家给我们日常生活提供答案，让哲学的认知和思维解决我们日常生活中的困惑。

哲学是关于世界观的学问。当人们拥有了正确的、科学的世界观，就掌握了生活的智慧。获得 " 智慧 " 的人也就获得了直接的人生答案，他们无论从任何角度，都能够很好地应对生活中的问题，从而把生活引向更好、更幸福的彼岸。

" 答案之书 " 系列之所以选取叔本华、尼采、帕斯卡三位比较有代表性的西方哲学大师，是因为这三位哲学家的学说有针对性地回答了我们对生活的一系列追问。

首先，人活着的终极追求是什么？

幸福是人生的根本追求。叔本华对幸福本源的探索，回答了幸福的真相是什么，幸福源自哪里，以及我们如何才能幸福地过一生。

其次，一个人应该如何面对自己和生活？

尼采就是一个真实做自己的人，他的理论无论是"我是太阳"还是"酒神与日神论"，都在帮助人们发现自己，成为自己，即一个人怎样生活，怎样面对周围的世界，如何活成自己最本真的样子。

最后，是什么决定了人对事物的判断和处世方法？

思维是认知事物的根本，一个人的思维方式决定了他对这个世界的看法和处理问题的角度。优秀的思维方式是一个人无比优越的财富。帕斯卡是一个很伟大的人，他在多个领域建树卓著，他设计并制作了一台能自动进位的加减法计算装置，被认为是世界上第一台数字计算器，我们根据"帕斯卡定律"测算压力，压强单位帕斯卡（简称帕）即以他的名字命名。他的思维方式对世人影响深远。

本系列丛书立足普通大众读者，轻松的又包含人生哲理的短章，恰恰特别符合当下读者碎片化阅读的需要。本系列丛书节选三位哲学大家的思想精粹，直面当下众多人的人生困扰，简明地给予答案。书名《100种幸福：生活的答案》《100种活法：如何做自己》《100种思维：力量的来源》直白地表明每本书的主题，便于读者直观地看到每本书的内涵，有目的地带着问题去阅读。

本系列丛书在内容编排方面，以每位哲人的全集原典为底本，精选符合本书主题的内容，撷取精要，分章节编排。每本书体系不大，排版疏朗，读者可以用轻松的心情来品读，一词一句，豁然开朗。

书名中的"100"在此处非实指，实际上每本书给读者的答案和方法远不止一百种。万变不离其宗，从一看到二、三、一百、一万，这用中国一个汉字表达，即"道"。本系列丛书想要展现给读者的，正是哲学家关于生活的"道"。希望本系列丛书，能让读者以哲学的思维重新认识自己、认识世界，解决日常生活的烦恼和困惑，拥有更美好的人生。

目录

Part 1. 001 — 030
别给思维设限

真正口才杰出的人轻视雄辩,真正道德高尚的人轻视道德。这也就是说,判断的道德性在于,它是没有规则的,它轻视所谓理智的德行。

Part 2. 031 — 112
人必须认识自己

人必须认识自己。如果这样做不能有助于我们发现真理,至少它能帮助我们形成一种生活的准则,没有比这更好的了。

113 — 122

在怀疑的时代里

你就应该让自己不辞辛苦地去追求真理,因为假如你未能崇拜真正的真理便死去,对你是有损害的。

123 — 130

相信你所相信的

让你相信的,应该是那些你自己赞同的,那些让你的理智持续不断的声音,而不是别人的。好好地去否定、去信仰、去怀疑。

131 — 156

遵循正义

遵循正义,这是应当的;而服从权力,也是必要的。没有权力,正义就是无力的;没有正义,权力就是暴政。

157 — 192

我们所有的尊严在于思想

人因思想而伟大，因为空间，宇宙包含并湮没了我，使我像一个原子；而思想，使我了解了整个宇宙。

 193 — 220

相信且坚持下去

没有信仰的人无法懂得真正的美好。真正的美好应当是所有人能同时享有的美好，它不会减少，也不会激起嫉妒，更没有人会失去。

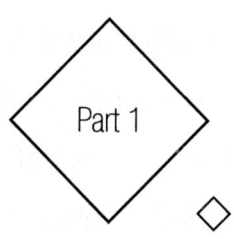

Part 1

别给思维设限

真正口才杰出的人轻视雄辩；真正道德高尚的人轻视道德。这也就是说，判断的道德性在于，它是没有规则的，它轻视所谓理智的德行。

1

数学思维与直觉思维的差异。

在数学思维中，规则是显而易见的，但却很少能应用于日常生活中。由于缺乏应用的习惯，人们把思维用到这方面就存在困难；然而只要稍加运用，人们便能充分地看到这些原则。它们如此清晰，是无法被人们忽视的，如果作做出错误的推理，那肯定是犯了思维上的错误。

然而在直觉思维中，规则却是根植于日常应用之中的，且呈现在每个人的面前。人们无须做其他努力，只要用眼睛看一看就可以，这只是一个洞察力的问题。人们必须有敏锐的洞察力，因为这些原则是如此细微且数量众多，以至于有些很容易被错过和忽略。漏掉一条原则，就会导致错误，因此，人们必须有异常敏锐的洞察力才能看清全部的原则；而且，正确的思维才不会从一些已知的原则中推理出错误的结论。

任何一位数学家，只要有敏锐的洞察力，就会有敏锐的直觉，他们是不会用已知的条件做出错误的推理的；而具有直觉思维的人，如果能把目光转到他们不用的那些数学原则上，那么他们也会成为数学家。

因而，某些直觉思维不是数学思维，某些具有直觉思维的人之所以不能成为数学家，就是因为他们未能将自己的注意力转移到数学原则上来。而某些数学家之所以没有敏锐的直觉，就是因为他们对自己眼前的东西视而不见，他们习惯于精确而明晰的数学原则，在没有仔细检查和掌握原则之前，他们是不会进行推论的，因此一遇到需要敏锐直觉的事物他们就会感到茫然无措，因为这些原则是无法这样安排的。这些原则是很少能看到的，我们只能感受它们而无法看到它们。对于那些没有亲身感受到这些原则的人，别人要想使他们感受到也是非常困难的。

这些原则是如此细微且数目众多，以至于我们必须要有非常灵敏和清晰的感觉才能感受到它们，并在感受到它们时作出正确公允的判断。但这往往不能通过数学的方式加以证明，因为假如用这样的方式，我们将永远无法明白这些原则，也因为用这样的方式，将是一件无休止的事情。我们必须在一瞬间看清整个事件，而不是靠推理，至少在一定程度上是这样的。因此数学家大都不注重直觉，而注重直觉的人也大都不是数学家，因为数学家在面对需要敏锐直觉的事物时希望采用数学的方式，先是用定义，接着进行定理和推论，而这对这类直觉的原则根本不适用，所以反把他们自己弄得荒唐可笑。这并非是说，我们的直觉思维没有在进行推理，而是说它默默地、自发地进行着，没有技术上的创造。它的表现方式是超乎人力的，只有少数人能感觉到它。

相反地，拥有直觉思维的人习惯于一眼就作出判断。所以，当他们被问到那些他们毫不理解的命题时，他们会觉得非常惊讶。因为这些命题的推论通过定义和定理没有丝毫结果，且还要经过细节繁杂而又令人厌恶和泄气的论证，他们不习惯这些，因此会望而却步，并觉得灰心丧气。

然而思维迟钝的人是既不能成为具有直觉思维的人，也不能成为数学家的。

那些仅仅是数学家的数学家有严密的思维，但所有事物都需要我们用定义和定理的方式来向他们解释，否则他们就是错误的和令人无法理解忍受的。只有在原则清清楚楚的时候，他们才会是正确的。

而那些仅有直觉思维的直觉敏锐的人，是没有耐心去探索事物在概念上的根本原则的，这些原则是他们在世界上从未见过的，并且是脱离了日常生活的。

2

有各种不同的正确理解。有的人在事物的某一特定方面有正确的理解,但在其他方面却一无所知。有的人能通过为数不多的前提得出正确的结论,这也是作出正确判断的一种方式。

另外,还有些人能通过大量的前提很好地得出结论。

例如,有一些人很容易掌握流体静力学,虽然前提很少,但他们得出的结论却十分精确,这些人是极其敏锐的。

即便如此,这些人也未必就是伟大的数学家,因为数学包含着大量的前提,而或许有这样一种智慧:对那些只有少数前提的事物,他可以轻松地钻研,甚至深入探究,但对那些具有大量前提的事物,却无法看透。

因此,便有两种不同的思维:一种能准确而敏锐地从所给的前提中深入结论,这是一种准确的思维;另一种则能清晰地理解众多的前提,而不会混淆,这就是数学的思维。前一种思维有力而准确,后一种思维有领悟力。两者之中的任何一种思维都可以在没有另一种思维的支持下独立存在,理智可以是强大而狭隘的,也可以是理解力强而又脆弱的。

3

习惯凭感觉来作判断的人是不会理解推理的过程的,因为他们并不习惯去探究种种原则,而只是了解第一感观印象。相反地,另外一些人却习惯从种种原则中推出结果,但完全无法理解感觉上的事情,追究各种原则,也无法一眼将事物的存在把握住。

4

数学、直觉。——真正口才杰出的人轻视雄辩,真正道德高尚的人轻视道德。这也就是说,判断的道德性在于,它是没有规则的,它轻视所谓理智的德行。

判断属于洞察力,正如科学属于理智。直觉思维是判断的一部分,数学思维则是理智的一部分。

真正的哲学家是轻视哲学的。

5

有些人在对事物做出判断时依据的是准则,他们在看待他人时,就像那些对时间作出判断时依据的是自己的钟表的人一样。有一个人说:"已经两个小时了。"另一个人说:"才过了三刻钟。"我看着我的表,对第一个人说:"你已经累了,不耐烦了。"对第二个人说:"时间对你来说,飞速流逝。"因为这时只过了一个半小时,所以对于那些说时间过得很慢的人和那些凭着自己的想象来判断时间的人,我给予嘲笑。他们不知道的是,我的判断是根据我的钟表作出的。据传帕斯卡常常在左手腕上戴一块手表。①

6

我们正在破坏感觉,正如我们正在破坏理解能力。

理解和感觉是我们通过交往培养的,但同时理解和感觉也因为我们的交往而被破坏。因此,理解和感觉因好的社会交往被促进,因坏的社会交往而被破坏。所以,最重要的事就是要

---

① 如无特别说明,本书楷体小字部分为译者注。

善于选择，促进它们而不是破坏它们。然而假如我们从未促进或者破坏它，我们也就无法作这样的选择了。如此便形成了一个循环，有些人能脱离这个循环，他们是幸运的。

7

一个人的精神越伟大，就越能发现人类具有的创造性。普通人是发现不了人与人之间的差别的。

8

很多人都是以听晚祷的方式听讲道的。

9

当我们想要指出别人的错误并有效地纠正他的错误时，必须注意他是从哪方面来表明他的观点的，站在他的立场上，他的观点通常都是正确的，我们必须承认他在这方面的正确性，但同时也要指出他在其他方面犯的错误。这样他会比较容易接受，因为他认为自己只是没有全面地看事物而已，并未做错。现在，人们不会因为自己没有全面地看事物而生气，但人都不喜欢犯错误，这或许源于这样一个事实：人类天生不能全面地看事物_{意即人类天生不能看到所有事物}，或者是事物的所有方面，在能看到的方面，人类是不会犯错误的，因为我们感官的知觉往往是真实的。

10

人们往往更容易信服他们自己发现的道理，对于别人经过思考得出的道理却不那么容易信服。

11

在那些世人所创造出来的各种各样的娱乐中，最让人敬畏的就是戏剧了。它对感情的表现是如此自然、细腻，以至于能激发出我们内心的热情，使我们产生相同的情感，特别是爱情，大多时候，它都被表现得非常纯洁和真挚。因为它将天真纯洁的心灵表现得越天真无邪，就越容易打动人。它有很强的渲染力，我们的自恋心理会得到迎合，会立刻产生一种渴望，渴望产生那种我们看到的、戏剧里表现出的那样的结果。同时，我们的善恶观也由此形成，将纯洁心灵的恐惧感排除，依据的正是我们自己在戏剧里所看到的情节产生出的感情的合理性。只要我们的心灵在想象：他们纯洁地对待爱情，明智地去爱，就不会受伤害。

这样，我们在走出戏院时，心中便充满了爱情的甜蜜和美好，心灵和精神都为它的天真纯洁所折服，以至于我们完全做好了去接受它的最初印象或者找机会在某人的心中把它唤醒的准备，以使自己可能收获在戏院里被描绘得如此美妙的欢娱和奉献。

12

斯卡拉穆什一位意大利哑喜剧演员的绰号，他一心只想着一件事情。

医生意大利哑喜剧中的一种传统人物已经说完了所有事情，但他又讲了一刻钟，他心中充满倾诉的欲望。

13

  人们爱看错误,所以爱看克莱奥布林马德莱娜·德·斯居代里传奇剧中的角色,传说中古希腊哥林多的公主,后成为科林斯女王的爱情,因为她对自己的感情并不自知。如果她没有受骗,那就毫无趣味可言了。

14

  当一篇普通的文章描绘出某种感情或者结局,并且读者在这种感情或者结局中得到了共鸣,人们就会觉得所读到的内容与自己的内心如此契合,其实它本来就在,只是我们不知道而已。所以我们便倾向于喜欢给予我们共鸣的作者。他只是描绘了我们读者的东西,并没有显现他自己。我们正是因这种益处而喜爱他,此外,我们和他之间的那种沟通也让我们由衷地喜爱他。

15

  雄辩,是用甜言蜜语说服别人,而不是用权威;它是专制的暴君，而不是威严的国王。此处可理解为，国王是正义的，暴君是不正义的。在作者看来，用甜言蜜语劝说别人会腐蚀人的意志，带有贬义色彩。

16

雄辩是一种讲述的艺术：听我们说话的人高兴地倾听，丝毫不觉得厌烦。他们对此感兴趣，因此在自恋心理的引导下，他们会更加自觉地去反思它。

因此，它就在于我们要努力在两者之间建立一种和谐，一方面是我们的听众的智慧和心灵，另一方面是我们所运用的思想和表达方式。这就要求我们很好地研究人类的心灵，了解它的一切能量，以便找出我们希望适应它们的那篇讲话的合理性。我们必须把自己放在听众的位置上，对那些我们加在文章当中的迂回的心灵描写进行检查，从而看两者是否相互作用和影响，以使听众也产生这样的心灵感受。假如有这样的效果，那么就能够让听众屈从并感同身受。我们应该尽力约束自己，使自己简单和自然，不夸大微小的事物，也不贬低伟大的事物。一件事物仅有美丽还不够，它必须切题，必须恰如其分。

17

河流是不停前行的道路，它带我们去我们渴望到达的地方。

18

当我们并不了解事情的真实情况时，我们的思维就很容易由一种普遍的误区来决定。例如，人们把季节的变化、疾病的传播等归咎于月亮。人类对自己无法理解的事物抱有无休止的好奇心，这是人类最大的弊病，这盲目且毫无益处的好奇心比他做错事还要糟糕。

爱比克泰德古希腊哲学家，帕斯卡深受其影响、蒙田和图尔吉的萨罗门的写作风格是最浅显易懂、最富启发性、最让人印象深刻，且最常被人所称道的，因为组成它们的完全是生活中最常见的对话所产生的思想。当我们提到类似"一切都是月亮的错"这种人类一般都会犯的错误时，我们总免不了想到图尔吉的萨罗门说过的：当我们并不了解事情的真实情况时，很容易犯一种普遍的错误。这就是上面所说的情况。

19

人们在写一本书时,有一件最为重要的事情需要解决,那就是明白什么东西应该被放在书的首要位置。

20

规则。——为何我应该认可把我的品德分成四条,而并非六条呢?为何我理应把品德确立为四条、两条或一条呢?为何是"节制与自持"原文为拉丁文,斯多葛学派的格言,该学派主张将最基本的德行分为四类,分别是正义、勇敢、明智、节制,而非"顺其自然"伊壁鸠鲁学派的观点。该学派主张"快乐是最终目的",主张顺其自然,追求幸福和快乐,或者像柏拉图那样正直地"处理你的私事"出自蒙田的《文集》第3卷第9章,或者其他事情呢?在这里,你可以说,一句话就能包括这所有的一切。确实,但假如没有注解,它将毫无用处,当我们对它加以解释时,只要我们一展开这句包含所有事物的准则,那么一种原始的迷惑状态就会出现,而这正是你想极力避免的。因此,当都被包罗在一条准则中,它们就好像被隐藏起来而不再有丝毫用处,就好似装在盒子里,被保留在它们自然的迷惑混沌状态中，从未曾显现。自然设定了它们只能独立存在，而不能相互包含。

21

自然使它一切的真理全部呈独立状态，而我们的技巧却使它们彼此依存，但这是非自然的。每一真理都有它自己的位置。

22

但愿人们不要说：我并没有说什么新的东西，主题的商定就是新的。在我们打网球时，双方打的是同一个球，但总有一个人打得更好些。

我曾听人说：我使用的是前人用过的文字。假如相同的想法用不同的文章结构安排不会形成不同的文章，那么同样，相同的文字用不同的结构安排也不会形成不同的思想。

23

文字的排列不同,句子会有不同的含义,而含义的排列不同就有了不同的表达效果。

24

语言。——如果我们把思维从一件事转移到另一件事上不是为了放松,那实在是不应该。当一定要这么做且时间合适的时候,就会发生这样的情况,没有别的方式。不管是从调节疲惫当中得到娱乐和放松的人,还是失去调节能力让我们倦怠的人,我们都不关心了,因为我们已经完全漠然,丝毫不在意了。所以我们荒谬邪恶的欲望的发展总与我们希望获得的东西背道而驰,不给我们带来任何快乐,这就是我们的代价,金钱是我们不惜一切代价都想要得到的东西。

25

雄辩。——它必须是讨人喜欢和真实可靠的。这种讨人喜欢本身必须来自真实。

26

雄辩是思想画的一幅画,所以那些已经画过它却又添了几笔的人,已经不是在写实而是在想象了。

27

杂记。语言。——那些通过咬文嚼字以使文字工整的人,就像那些伪造窗户以表现相称和谐的人一样。他们的原则是注重说话的贴切,而并非讲究正确性。

28

对称性是那种我们一眼就能看出的东西,它的基础有"任何的不同都不合理"这样的事实,还有人体的脸面。对称性在高度和深度上并不是我们所需求的,它只有在广度上是有用的。

29

当看到一种很自然的风格，我们会觉得又惊又喜，因为我们期待的是看到一位作家的形象，但我们看到的却是一个人。而那些有品位的人则不同，他们阅读一本书时期望发现一个人的形象，却意外地发现是一位作家。你以诗人的身份发言更甚于你以人的身份来发言。此句原文为拉丁语。那些尊重自然的人指导我们"神学信仰不能说明一切，能说明一切的是自然"。

30

我们缺少灵魂，因此我们只听命于耳朵。规则是公正的。删除和省略之美，就是判断之美。

31

我们所指责的西塞罗古罗马政治家、雄辩家、著作家，写作风格华丽张扬的虚伪的美，都有它的喜爱者，而且有很多。

32

优雅和美丽都有一定的标准,这种标准取决于我们的天性(或强或弱)和使我们愉悦的东西之间的某种联系。

任何根据这种标准形成的事物都会使我们觉得愉悦,它可以是庭院、歌曲、诗歌、散文、女人、飞鸟、河流、树木、空地、服饰等。而不是根据这种标准形成的事物都会使那些有品位的人觉得不快。

根据一种好的模式形成的一首歌曲和一座庭院,它们之间有一种完美的联系。因为它们都类似于这种好的模式,虽然它们各有各的风格。同样地,根据坏的模式而形成的事物之间也存在着一种完美的联系。并不是说坏的模式是独一无二的,它有很多种形式。举例来说,像一首蹩脚的十四行诗 *欧洲一种格律严谨的抒情诗体,最初流行于意大利*,不论是依据哪种错误的模式写成的,它都像是一个根据那种模式而盛装打扮过的女人。

最能使我们更好地理解一首错误的十四行诗的荒谬可笑的,莫过于去了解自然的天性和标准,然后再来想象根据那种模式被塑造出来的一个女人或者一座庭院的模样。

33

诗歌的美。——就像我们谈论诗歌之美一样，我们也应该谈论一下数学之美和医学之美。然而，我们并未这样做。原因是我们清清楚楚地知道数学研究的对象是什么，它是由论证组成的；我们也清楚地知道医学的目标，它是由疗效组成的。然而，我们却并不了解诗歌的对象，不明白组成优雅的成分。我们不知道那些我们应该去仿效的自然的模式是什么样的。由于缺乏这方面的知识，我们就创造了一些离奇荒诞的名词，像"黄金岁月""我们时代的奇迹""毁灭性的"等，并将这些难懂的话看成诗歌的美。

但不管是谁，如果用这种对极小的事物进行夸大渲染的模式来想象一位女性的话，他将看到一位浑身珠光宝气的、年轻美丽的女孩。对此，他会觉得很可笑，因为与什么是诗歌的魅力相比，我们对什么才是一位女性的魅力所在要有更多的了解。但那些无知的人却对女性的这种打扮表示赞赏，许多乡村里还会把她当成女王，所以我们把追求这种模式而写就的十四行诗称为"乡村女王"。

34

一个人如果没有在诗坛上有所建树,有自己的标志,他就不能以诗人的身份闻名于世。数学家也是这样。但有教养的人并不想有什么标志,也很少了解诗人行业与刺绣行业之间有什么不同。

广博的人既不能被称为诗人,也不能被称为数学家,或其他的什么,但他们拥有一切能力,并且是这所有称谓的评判者。谁也无法猜出他们是什么。当他们融入社会,他们观察着其他人正在谈论的事物。除非必要,否则他们是不会使用一些特性的,他们具有哪种特性不具有哪种特性,我们无法观察到。但我们会记住他们的特性,因为这种人的特性是独特的。当它涉及的不是一个演说修辞方面的问题时,我们不说他们是优秀的演说家;当它涉及的是一个演说修辞方面的问题时,我们就说他们是优秀的演说家。

所以,当我们在谈论一个人,而这个人也参与其中时,我们说他是一位优秀的诗人,这是一种虚伪的欣赏,而当人们要评判一些诗歌却不去请教他时,那就是一种更为恶劣的标志了。

35

评价一个人时，我们不应该说"他是一位数学家"，或者说"他是一位传教士"，或者说"他是善辩的"，只能说"他是一个有教养的人"。只有这种大众化的品质才能让我们觉得愉悦。我们在看到一个人的时候，如果只想起了他的著作，那就是一种坏的标志。在你遇到它并且有机会使用它之前，我宁愿你发现不了什么品质，因为我担心某种突出的品质会给此人贴上标签。不要把他想象成优秀的演说家，除非讨论的问题涉及他那华丽矫饰的体裁和技巧，并且让大家都来思考它。

36

人类有各种各样的需求：只有那些能满足所有需求的人才能得到他人的爱。有人说："这是一位优秀的数学家。"但我与数学没有丝毫关系，他只是把我当成一个命题。"这是一位优秀的战士。"他想让我去围攻一座城市。只有一个正直的人，才能调整他自己以满足我的一切需要，所以这才是我需要的。

37

既然我们无法通晓所有的事情,那么我们就应该对所有的事情都知道一些。因为和只知道一件事物的全部相比,对一切事物都知道一点要更好一些。这种广博是最好不过的。假如我们能两者兼备,那自然更好,但如果必须选择,我们就应该选择后者,而且人们一致这样认为,也都是这样做的,因为人类通常是非常好的权衡者。

38

是诗人,而不是诚恳的人。

39

想象一下闪电落在地面上等现象,诗人和那些只会用推理来论证这类事物的人,就将缺少证明。

40

　　我们用来证明其他事物的那些例子，如果我们希望证明它们的真实性，那么我们必须引用另外的事物作为例子。因为，我们常常有这样的认知：困难存在于那些我们希望加以证明的事物中。所以我们发现，例证更加有助于证明。

　　所以，当我们希望对一个普遍定理加以证明时，我们必须给出一个运用于特殊情况下的原则；而如果我们希望对一个特殊的情况加以证明，我们又必须从普遍的原则入手。因为我们常常发现我们用来证明的事物是清楚明白的，而我们要加以证明的事物是模糊不清的。因为在一件事物被提出需要加以证明时，我们首先会充满想象，但想象是模糊不清的。相反，用以证明它的那些例证则总是清楚明白的，这样我们便很容易理解它。

41

　　马提亚尔古罗马诗人的箴言。——人类都喜欢心怀恶意，但对失明的人或者是不幸的人却不是这样，而是要反对高傲的幸运者。否则，人类就会犯思考上的错误。

欲望是我们所有行为和人性的根源。我们必须让那些有人性和温情的人感到愉悦。那条和两个失明的人有关的警句是不足道的，因为它只是增加了作者的荣誉，根本安慰不了他们。这一切如果只是为了作者本人的话，都是不值一提的。他摆脱了野心的装潢。此句原文为拉丁文，出自古罗马诗人贺拉斯的《致比松书》。

42

称一个国王为"亲王"让人痛快。因为它降低了国王的身份。

43

某些作家在谈到自己的著作时，总说"我的书""我的评论""我的历史"等。这就像那些有自己房子的中产阶级，常常把"我的房子"挂在嘴边。但他们最好是说"我们的书""我们的评论""我们的历史"等。这样的说法较为稳妥，因为在这些书、这些评论和这些历史中，别人的东西常常要比他们自己的东西多得多。

44

你希望别人相信你是善良的吗？那你就不要提它。

45

语言是密码，在这里并不是将一个字母变为另一个字母，而是将一种文字变为另一种文字，从而使一种原本为人所不识的语言变为可以识别的。

46

满嘴甜言蜜语的人，往往品质恶劣。

47

有些人写不好却说得好。因为特定的环境和听众使他们感到温暖，思维得到激发。在缺少温暖时，他们是没有这些思维的。

48

我们发现一些词语在一篇文章中重复出现,而我们试图加以修改时,却发现它们非常贴切,以至于如果进行修改就会破坏整篇文章,我们必须保持原状。这就是它的标志"它的标志"指我们必须让它保持原状的标志。我们的努力只是出于盲目的嫉妒,并未看到用词重复在这个地方不是错误,因为这里没有通用的规则。

49

若是只用虚假而将自然常理掩盖,就将出现很多的国王、教皇、主教,乃至威严的君主,就会出现很多的巴黎——王国的首都。就会有许许多多的地方我们应该称之为巴黎,还有很多其他的地方我们也应该将之称为王国的首都。

50

同一个意义因表达它的词语的改变而变化。意义从词语中获得自己的威严，而不是赋予词语威严。这样的句子应该求助于……

51

皮浪学派古希腊哲学流派之一，由怀疑主义哲学家皮浪（又译为毕洛或皮罗）创立。该学派主张要从对一切客观事物的实在性和认识事物的可能性的否定中寻找自身的同一和不受干扰的境界因固执而出名。

52

一个人只有是笛卡儿学派，才会称另一个学派为笛卡儿派。只有空谈家才会提到空谈家，只有乡下人才会提到乡下人，我敢打赌，《给外省人的信》这样的书名一定是出版商给书加上去的。

53

视其动机，一辆车或是翻倒了，或是被推翻了；视其含义，水或是流出来了，或是灌满了。视其动机指依据是否有意，一辆马车或是无意翻倒了，或是被有意推翻了；根据同样的原则，水或者是无意流出了，或者是被有意灌满了。波·罗雅尔著名的辩护士梅特尔在他的《申辩与演说》一书中曾竭力为托钵僧，也就是圣方济派申辩。

54

杂记。——讲话的方式："我就是喜欢用这样的方式。"

55

钥匙有开启性，钩子有吸附性。

56

"我给你添了很多麻烦""对不起，恐怕我打扰你了""我怕打扰你太久了"……当听到这类客气话时，我总是觉得不舒服。我们要么引领我们的听众使其继续跟随，要么激怒他们。

57

类似"对不起,请原谅"这样的话是没有礼貌的。假如没有请求宽恕的话,我还不觉得有什么不妥。"悉听尊便……"这样的托词是最为糟糕的。

58

"将煽动叛乱的火焰扑灭吧",这句话太雕琢了。"他天才般的智慧汹涌澎湃",这句话中有两个太过夸大的词。

Part 2

人必须认识自己

人必须认识自己。如果这样做不能有助于我们发现真理,至少它能帮助我们形成一种生活的准则,没有比这更好的了。

59

第一部：人没有信仰时的不幸。

第二部：人有了信仰时的幸福。

或：

第一部：论人性是腐化的。依据人性本身。

第二部：论救世主的存在。依据《圣经》。

60

顺序。——我可以很好地用下面的顺序来安排这篇文章：先展示人类在各种情况下的虚荣，再展示普通生活中的虚荣，然后展示怀疑主义者和斯多葛学派的哲学生活中的虚荣。然而或许不能都保持这样的顺序。我对它略知一二，可是懂得它的人本来就少之又少。任何一种科学都掌握不了它。托马斯·阿奎那西欧中世纪基督教神学和神权政治理论的最高权威，经院哲学的集大成者，著有《神学大全》掌握不了它。数学能掌握它，然而在深度上，数学也是爱莫能助的。

61

第一部分的序言。——谈一谈那些曾经探索过自我意识的人;谈一谈沙伦法国思想家,著有《智慧论》一书,该书内容不多,但却分成了117章,每章又分了许多小节的著作的目录,那真是让人丧气和厌倦;谈一谈蒙田的混乱,蒙田非常清楚自己缺乏正确的方法,因此他常常从一个主题跳到另一个主题来进行回避,他追求时髦。

他那自我描述的计划多么愚蠢!但这一点绝非偶然,也并不违背他的准则,因为是人都会犯错,这一点是出于他的准则,出于那些根本的和主要的计划。说出愚蠢的话若是出于偶然和弱点,便是一种常见的不幸;但若有意地说愚蠢的话就是难以容忍的了,就像说了那些诸如……

62

蒙田。——蒙田有太多的缺点。语言污秽,这是非常糟糕的,不管古尔内夫人蒙田的养女。她于1595年出版了蒙田的《文集》,在后加的序言中在这个问题上为蒙田辩护怎么说。人们不用眼睛——容易轻信而受骗。强求化圆为方，以期形成更大的世界——无知。对自杀和死亡，他建议漠视救助，既不畏惧也不忏悔。就像他写书不是为了宗教信仰，所以他无须涉及信仰。然而我们却总有不背离信仰的责任。人们能够原谅他在人生的某些场合较为合理的自由和放纵的观点（730，231）帕斯卡参考的是1636年出版的蒙田的《文集》，但不能原谅他那种完全异教徒式的生死观。因此，纵观蒙田全书，他对死亡的看法只是怯懦而又优柔的。

63

不只在蒙田身上，我在自己身上也发现了我在他身上看到的一切。

64

想在蒙田身上找出优点是非常困难的。在他身上的邪恶，我指的是那些道德以外的东西，是可以立刻得到改正的。他讲述的琐事太多，且谈论他自己的成分太多。

65

人必须认识自己。如果这样做不能有助于我们发现真理，至少它能帮助我们形成一种生活的准则，没有比这更好的了。

66

科学的空虚。——在我因为道德上的无知而痛苦时，物理科学不能给我安慰。但在我因物理科学上的无知而痛苦时，伦理科学却能给我安慰。

67

人类从来不会被教育成一名绅士，但可以被教育去掌握其他所有事物。他们夸耀自己知道如何成为一名绅士要甚于夸耀自己懂得的那些知识。他们只夸耀那些他们知道自己根本一无所知的事物。

68

无限、中庸。——当我们读得太快或太慢时,我们什么也理解不了。

69

自然……(自然把我们如此稳妥地放置在中间,如果我们将天平的一边改变了,那我们也必须将天平的另一边改变。我行动,动物跑。*该句原文为希腊文。*我因此相信,我们脑海中的思维也是这样调整的,他触动了一面,必然也要触动它的反面。)

70

酒太多和太少。一点儿也不给他,他发现不了真理;给他太多,也是一样。

71

人的失衡。——(这是我们内在的天赋知识引导我们达到的。假如连它也不可靠,那人类就没有什么真理了;假如它是可靠的,那人类将不得不以这种或者那种方式谦卑,因为人类发现在它那里有很大的理由应该屈服顺从。既然人活着就不得不有这样的认知,我希望,人类在更深一步地调查大自然之前,先应严肃认真而又轻松自在地考虑一下自然,并且审视一下自己,弄明白人与自然之间的和谐在哪里……)让人类去思索整个自然的丰富和崇高,让他将自己的目光脱离他周围卑微的事物。让他注视那耀眼的光芒,就像一座永不熄灭的灯塔照亮整个宇宙。相比太阳光所照射出来的巨大的球体,地球在他眼里成了一个点。这让他惊奇于这样一个事实:在球体环绕苍穹的自转中,和被其他恒星所照射出来的球体相比,这个由太阳照射出来的巨大球体本身也只是宇宙中的一个点。

整个可见的世界,只不过是大自然巨大怀抱中一个很难让人觉察的原子。用尽办法也无法靠近它。我们尽力扩展我们的构想能力,使其超出一切想象的空间。但是,和事物的真相相比这里是形容宇宙的无限,我们仅仅是创造出了一些碎片。它是一个无限的球体,处处都是球心,找不到哪里是球面。所有的想象都会迷失在这样的思想中。

回到他自身,让他思考一下,相对于所有存在物来说,他到底是什么。让他把自己看成迷失在大自然的一个偏僻角落里的存在，让他能从自己所居住的这个狭小的空间里——我指的是宇宙——评估一下地球、王国、城市和他自己的真正价值。在无限之中，人又是什么呢？

但为了让他看到另一个同样惊人的奇迹，就让他对那些他所认识的最细微的事物作一番审视吧。我们来给他一件无比微小的东西，像一条小虫子，它那微小的身躯和比身体更小的其他组成部分，它那躯体里的肌肉，肌肉里的血管，血管里的血液，血液里的黏汁，黏汁里的液滴，液滴中的雾气。让他对这最后的东西再加以分割，使他竭尽其能地去想象，把他所能分割到的最细小的东西当作我们如今讨论的对象。

或许，他会这样认为：这应该是自然界中最细小的了。我要让他看到，在这个他认为最细小的东西里存在一个新的无底洞。我不仅仅要给他描绘看得见的宇宙，还会给他描绘所有那些他能想象到的被缩小的原子中蕴涵着的自然的无限空间。让他看到在那里也存在无限多的宇宙空间。每一个空间里有它自己的天空，有它自己的行星，有它自己的地球，其比例与可见的世界一样；每一颗星球上都有动物和最细小的东西，他将发现这些东西和他原来看到的所有东西一样，同时也会发现在这里可以无穷无尽地、永无休止地发现其他的任何东西。

让他在惊讶——"这些东西在一些事物当中是如此细小而在另一些事物当中却又如此巨大"——中尽情自我陶醉。没有人能不为我们的身体而震惊,它如此微小,在宇宙中难以被觉察,它自身在整体的怀抱中也是很难被发现的,但在我们所无法达到的虚无的状态中,我们竟一下子成了一个巨人、一个世界,或者不如说成了一个整体!

用这样一种观点思考自己的人会害怕自己,当他发现自己维系着无限和虚无这两个无底洞,用的正是自然赋予他的身体时,这些奇异的现象让他战栗。我想,当他的好奇心变成赞赏的时候,他将会越发倾向于默默地思考它们,而不是傲慢地审视它们。

实际上,人在自然中到底是什么?虚无,这是相对无限而言的,全体,这是相对虚无而言的,是虚无与全体之间的一个平衡。因为他距离理解这种极端的状态还非常遥远,对他来说,事物的起源和归宿都无法逾越地隐藏在一个封闭的奥秘中。他被创造出来的虚无以及他被吞噬在其中的无限,都是他没有能力领会的。

他处在弄清它们的起源和归宿的没完没了的绝望当中,除了能看到事物的平衡所展现出来的现象之外,还能做些什么呢？万事万物都来自虚无,都受无限的影响。这绝妙的进程谁能领会呢？这所有奇迹的创造者能理解它们。其他人却做不到这一点。

人类鲁莽而急切地对自然界进行了研究,却忽略了对这些无限的思考,好像他们与自然之间天生存在着某些比例似的。他们用一种有如对待他们的对象一样来对待无限的猜测的态度,想要了解事物的起因,从而获得整体的知识,这真是非常奇怪。因为毫无疑问,没有推测或是没有和自然那样拥有无限的能力,这个意图实现不了。

如果我们被明白地告知,我们就会了解,自然把她自己的形象以及造物主的形象铭刻在了所有的事物上,任何一种事物都带有她的双重无限性。所以我们看到,所有的科学就其研究领域而言都是无限的。例如,要说几何学里有一个无限的问题（关于问题的无限性）需要解决,我想这是没有人会怀疑的。并且,就其数目众多且细微的前提而言,它们亦是无限的；那些提出类似终极性的东西是无法自证的,必须基于其他事物的支撑,而其他事物也同样需要其他事物做基础,所以永远不可能有终极性的存在,这是毋庸置疑的。

然而,我们却将某些东西看成终极,其理由同我们看待物质的东西一样。对于物质的东西,凡是超过了我们的感受范围的,我们称之为不可分割的东西,尽管按其本性来说,它是无限可分割的。

在科学的这两种无限性中,大范围的无限性是最易于感觉到的,因此,有一些人就自诩明白一切事物。德谟克利特 古希腊哲学家,讨论万物起源时,提出了原子虚空说,在谈论宇宙整体时,提出了"原子的旋涡运动生成宇宙"的宇宙生成说 就曾说:"我要谈论宇宙中的一切。"参见蒙田的《文集》的第2卷第12章。

但细微的无限性却是不易察觉的。哲学家们常常声称掌握了它,但正是在这点上,他们都犯了错误。这就出现了像《第一原理》《哲学原理》这类常见的书名,有些尽管表面上并不常见,但实际上同样是在蒙蔽我们,比如《论可知的一切》皮科·米兰多拉以这个题目提出了九百多个议题,1486年他在罗马公开为这些议题辩护。

我们自信自己有足够的能力到达事物的中心,而不只是把握事物的周边。世界的可见范围明显地超出了我们的感官,但就像我们超出了小事物一样,我们相信自己完全有能力理解它们。然而和我们想要认识一切所需要的能力相比,我们想要达到虚无所需要的能力一点也不少。它们都需要有无穷的能力。在我看来，谁要是理解了关于存在的终极原理，谁也就可能获得了关于无限性的知识。两者唇齿相依、相辅相成。

所以让我们清楚地认识到我们自身的局限吧！我们是某些事物，但我们并非所有事物。我们存在的事实，遮蔽了我们去理解那些诞生于宇宙虚无中的有关原始起源的知识；我们存在的渺小，遮挡了我们去发现无限的视野。

我们的身体在自然的领域里占据一处位置，同样地，我们的理解力在思想的世界里占据着一处位置。

我们在各个方面都有局限性，因此我们所有软弱的地方就有一种处于这两种极端之间的中庸状态存在。我们的感官不能感受到极端。声音过响，使我们失聪；光亮太强，使我们目眩；距离过远或者过近都有碍我们的视线；文章过长或过短都使我们无法理解；事实真相过多让我们不知所措。对我们来说第一原理太过明显。过多的欢愉使人不快乐，太多的和声使音乐令人讨厌，太多的恩惠让我们不安，我们希望自己的奖金可以略微超出我们所需偿还的债务。只有我们觉得可以报答的恩情才是让人舒服的，超出了我们可以报答的范围，我们抱有的将不再是感激之情而是埋怨。*该句原文为拉丁文，参见塔西佗的《编年史》第*

4卷第18章。

我们既感觉不到极度的热,也感觉不到极度的冷。对我们来说,任何过度的属性都是有害的,不会被我们的感官所感受到。我们不是在感觉它们而是在忍受它们。太过年轻和太过年老都有碍思维,受教育太多和太少也是一样。总之,极端的东西对我们而言就好像根本不存在,我们也不被它们关注。不是它们在回避我们,就是我们在回避它们。

这就是我们的真实情况。这使我们既不可能确定全知,也不可能绝对无知。我们在辽阔无垠的球体中航行,在不确定性中漂流,从一头被驱逐到另一头。当我们想抓住某一点并将自己固定下来时,它却摇晃着离我们而去。如果我们追随它,它就逃避我们的掌握,从我们身边滑过,永远地消失在我们周围。

没有什么东西会为我们停留。这就是我们的自然状态,却往往与我们所喜好的完全相反。我们热切地希望寻找一处坚固的地面和一个十分稳妥的根基,以期在那里建立一座塔楼通往无限。但我们的整个基础崩溃了,大地裂为深渊。

所以,我们就不要再去期待什么确定性和固定性了。我们的理性总是被表象的变化无常所欺骗,没有什么东西能将那处有限性——在既贴近有限又远离有限的两种无限之间——固定下来。

假如我们很好地理解了这一点,我想我们每个人都会安分地待在大自然给自己安排的位置上和状态中。就如同这个跌落于我们身边的球体,我们注定只能处于中间而无法靠近极端的状态。那么人类对宇宙有更多的了解又有什么意义呢?假如人类有了一点知识,他就理解得更多一些。但他距离终点还不总是无止境吗?就算不在我们生命的时间段内,即便再多活十年,他不也是同样距离永恒十分遥远吗?

和这些无限性相比,所有的有限就都是平等的,我认为把我们的想象力建立在这个有限上多一些,在那个有限上少一些是毫无理由的。单是拿我们自己和有限做比较,就足以使我们痛苦不堪。

如果人类首先把他自身作为研究对象,他会发现他的前进是多么困难。部分又如何去认识整体呢?但他也许有志于将至少是他提供某些比例的那些部分弄明白。然而世界上的各个部分都是彼此关联和相互连接的,我相信,假如没有其他的部分和全体,是不可能孤立地认识一个部分的。

例如,人类与他所知道的一切都有联系。塞朋德《自然神学》第2章:"人和其他一切创造物都有一种伟大的联盟、协约和友谊。"他需要有一个可以容身的地方,有可以延续生命的时间,有使生命力充沛的运动,有可以构成他自身的元素,有供给他营养的热量和食物,有供他呼吸的空气。他看得到光明,感受得到自己的身体。总而言之,万物都与他有联系。要想了解人类,必须了解他为什么需要空气才能生存;要了解空气,我们必须了解它是怎样和人类的生活联系在一起的,等等。离开空气,火焰无法存在,因此我们想要了解后者,就必须知道前者。

既然万事万物既是因又是果,既是接受者又是提供者,既是间接的又是直接的,这一切都被自然界中看不见的纽带连接在一起,这纽带把最为遥远和最有差异的事物联系在一起,因此我认为,只认识部分而不认识整体,或者只认识整体而不具体地去了解部分,是根本不可能的。

事物的永恒性,无论是在它自身当中还是在上帝那里的,一定会使我们短促的生命惊讶不已。对于不断变化的我们而言,大自然的恒定不变定然也有同样的效果。

我们完全没有办法认识事物,原因就在于:事物是单一的,而我们却是由灵魂和肉体这两种相反且种类不同的自然天性组成的。因为我们的理性部分只可能是精神之内的东西;如果有人坚持认为我们仅仅是单纯的肉体,这就更加排斥了我们对事物的认识,再没有比"事物能认识自己"这样的说法更让人不可思议的了。我们不能想象事物如何认识它自己。

所以，如果我们只是单纯的肉体，那我们根本什么东西也了解不了；如果我们是由精神和肉体构成的，那我们就无法全面地认识单一的事物，不管是精神的（事物）还是肉体的（事物）。因此，几乎所有的哲学家都在事物的概念上认识不清，他们在物质领域里谈论精神性的事物，在精神领域里谈论物质性的事物。因为他们大胆地说：肉体有堕落的倾向，它们（肉体）在追求自己的中心，它们逃避毁灭，它们害怕空虚，它们有嗜好、同情、反感等这些只属于精神的东西。在谈论精神时，他们认为精神在某一个地方，并认为它能运动，从一个地方到另一个地方，这些却都是只属于肉体的东西。

同接受这些纯粹的事物的观念相反，我们在它们身上添上我们自己的特性，并将我们思考过后的所有单一事物都刻上了我们自身复合生命的印记。

我们用精神和肉体合成所有的事物，但谁会不相信这样的合成对我们而言是能够理解的呢？然而，这些东西恰恰是我们最不理解的。人类自身，是自然界中最为奇妙的对象。因为他无法构想肉体是什么，更无法构想精神是什么，而一个肉体是怎样和一个精神结合在一起的则是他最无法构想的。这就是他困惑的极点,但也正是因他的存在:精神与肉体的结合才是人类所不能理解的,然而这就是人生。该句原文为拉丁文,出自奥古斯丁的《上帝之城》。最后,我将以这两点考虑来结束对我们自身软弱性的证明……

72

或许是这个主题超出了理性的能力范围,就让我们来考察她这里的"她"指的是"至善"解决自己力所能及的问题的方法吧。如果有什么东西,她自身特有的兴趣可以使她最认真地运用于自身,那便是对她自身至善的探讨。所以,让我们来看看这些强大、聪慧的灵魂把至善放置在什么地方,并且看看它们是不是适合这样的安置。

有人觉得,至善在于美德;有人觉得,至善在于享乐;有人觉得,至善在于真理,洞察事物的起因的人是幸福的该句原文为拉丁文,参见维吉尔的《高尔吉克》第二篇;有人觉得,至善在于全然的无知;有人觉得,至善在于闲散;有人觉得,至善在于漠视表象;有人觉得,至善在于不为任何事物所惊叹,不喜欢任何事物,即便是那些能给我们带来并持续给予我们幸福的东西该句原文为拉丁文，出自贺拉斯《书翰集》中的诗句。真正的怀疑论者则认为至善在于他们的毫不关己、怀疑和永恒的悬而未决；其他聪明的人还想找到一点更好的定义。对于这些，我们已经非常满足了。

按规律来调整下面的目录。我们必须看到，假如经过如此漫长且意图如此明显的研究，这个美好的哲学体系仍没有获得某种确实可靠的东西的话，也许至少灵魂应该对自己有了认识。让我们来听听世上的权威是怎样看待这个主题的吧。他们经过思考，认为她的实质是什么呢？身处其中，他们是不是觉得更幸运呢？关于她的起源、发展和终结，他们都有些什么发现呢？

灵魂这个话题对于他们薄弱的意识来说，是不是太高尚了呢？那么让我们把她降低到物质层面，看看她能不能理解那些她所鼓舞的身体是由什么构成的，看看她能不能明白那些她所思考的并能随意移动的事物。对于这些，那些全知全能的大独断家们又知道些什么呢？这些观点中哪些是真实的，只有上帝知道。该句原文为拉丁文，参见蒙田的《文集》第2卷第12章。

假如理性是合理的，那么这点毫无疑问已经足够了。她是十分通情达理的，所以承认自己还不能发现任何持久不变的东西,但她却并未对此感到绝望,她和以往一样满怀热情地投入这个探讨,并且相信自己具有进行这种征服所必需的力量。因此我们可以断定,在他们竭力对她的力量进行研究,亲自观察过之后,看看她是不是具有掌握真理的本性和某些能力。

73

一封论人类科学与哲学的愚昧的信。

这封信置于论娱乐之前。

洞察事物的起因的人是幸福的。

在蒙田的书中就有280种有关至善的箴言。参见蒙田的《文集》第2卷第12章。

74

第一部,1,2,第1章,第4节。这里的数字指的是帕斯卡《真空论》的章节。

(可能性。——将一件事情放置在一个低级阶段,使其显得荒唐可笑,这并不难。为的是它从最初时开始。)没有生命的物体也有热情、恐惧、憎恨,这种说法真是无比荒谬。没知觉的、没生命的和没有生命能力的东西也有感情,这样说至少得先假设有一个有感觉的灵魂可以感受到它们,甚至还有人说,让它们恐惧的是空虚?空虚里有什么能让它们感到害怕的呢?还有什么比这更浅薄、可笑的吗?这还不是全部,听说他们自身具有一种运动的来源能使他们避免空虚。难道它们也有手臂、腿、肌肉,或是神经吗?

75

要写文章批驳那些刁钻地对待科学的人:笛卡儿。

76

我无法原谅笛卡儿。他在他全部的哲学体系中都极力想将上帝抛开。然而他又不得不需要上帝轻轻触碰一下世界,让世界由此得到一个最初的动力。此外,他就再也用不着上帝了。

77

笛卡儿既无用又不可靠。笛卡儿是典型的二元论者,但二元论最大的困境在于它无法说明在人身上灵魂与肉体统一这个最明显的事实,因此他提出了"松果腺"理论。他企图在坚持二元论的前提下来说明身心的关系,最后只能向上帝求助,提出"神助说"。他关于"松果腺"的论述,承认了灵魂和肉体的相互联系和相互作用,从而提出了"身心交感论"的思想,但他的二元论的基本观点与这一思想存在尖锐冲突,从而使他的体系陷入自相矛盾的境地。

78

(笛卡儿。——总体上我们必须说:"构成它的是数字和运动。"因为这是真实的。但是要想把这些是什么说清楚,并且将机器拼装出来,就非常荒唐可笑了。因为那是没有用的、不可靠的且又让人痛苦的。如果那是真的,我们就会认为,所有的哲学都不值得费力气了。)

79

一个跛脚的人不会激怒我们,但一个思想愚笨的人却会激怒我们,这是为什么呢?参见蒙田的《文集》第3卷第8章。因为就我们身体健全走得直这一点来说,那个跛脚的人会给予承认,而那个思想愚笨的人却声称我们才是愚蠢的。假如不是这样,我们就不会生气,还会同情他。

爱比克泰德古罗马哲学家,哲学观点上隶属于斯多葛学派却强有力地追问:"有人说我们有头痛的毛病,我们并不生气,但说我们选择错了或者我们的推理非常糟糕,我们就会特别生气,这是为什么呢?"原因在于,我们很肯定我们没有头痛的毛病,我们的脚也并不跛,但对于我们做的选择是否正确,我们却并不确定。我们之所以这么肯定,只是因为它在我们的视线范围内,我们能看到它;其他人和我们一样用全部的视线看,但看到的情形却完全相反,这使我们感到既焦虑又吃惊。而当成千上万的人都对我们的选择加以嘲笑时,我们的感觉就会更加强烈。因为我们总是更加偏向自己的观点,而非其他人的观点,这既大胆又困难。一个跛足的人,他的知觉里是永远都不会有这种矛盾的。

80

因为精神天生要信仰,意志天生要爱慕,因此,一旦缺少真实的对象,它们就非常有可能依附于虚假。参见蒙田的《文集》第1卷第4章。

81

想象。参见蒙田的《文集》第3卷第8章。——它是人类最具欺骗性的部分,是谬见和奸诈的根源。它并不常常欺骗人,因此就越发有欺骗性了。它如果是谎言的永远可靠的标尺的话,那么它也就能成为真理的永远可靠的标尺了。然而它常常以虚假形式存在,给真与假都打上了同样的印记,却并未显示它的自然的标记。

我在谈论最具智慧的人,而并非愚蠢的人;但正是在这些最具智慧的人当中,想象力才有说服人这样伟大的禀赋。理性无论怎样抗议都无济于事,它确定不了事物真正的价值。

这种高傲的力量,这个理性的敌人,喜欢统治理性并驾驭它,她为了显示自身有多么全能,在人类身上建立了第二天性。

她让人快乐,让人伤心,让人健康,让人患病,让人富有,使人贫穷。在她的强迫下,理性屈从于信仰、怀疑和否定;人的感觉因她而变得迟钝,或者被刺激。她的追随者有的愚蠢,有的聪明。理性无法使专心信奉自己的人拥有一种充实而又完整的满足感和补偿,她却能做到,这是最让我们苦恼的。

那些有丰富想象力的人会自得其乐,比那些能理性地分析问题的思想家要快乐得多。他们睥睨众生,他们满怀勇气与信心地辩论问题,而其他人却满怀畏惧和犹豫。这种快乐鼓舞自信,常常使他们在听众的意见声中占据上风,先发制人。这种想象力丰富的聪明人,即便在天生的评判者眼里,也一样具有这样的优势。想象力并不能使愚人变聪明,但却能使其快乐,这是令理性羡慕不已的。因为理性只能给自己的朋友带来不幸;理性使人感觉羞愧,而想象力使人感觉光荣。

除了这种想象力,还有谁有能力将声誉、尊敬和崇拜赋予人、作品、法则和一些伟大的东西呢?没有她的赞许,地球上所有的财富将会是何等匮乏!

难道你不觉得,这位德高望重的长官受到全体人民的尊敬,是因为纯粹而高贵的原因?他根据事物真实的属性来对事物进行判定,丝毫不掺杂那些会影响弱者想象力的极琐屑的事。你看他满怀虔诚的热情走进教堂听道，他的理性因他那热烈的虔信之爱而更加坚定。他带着一种典范式的敬意准备听道。此时，传教士出场了，假如他天生有着一张古怪的脸和一副嘶哑的嗓子，假如他的理发师给他理的胡子很糟糕，假如他的穿着和平常相比更加邋遢，那么不管他宣讲的真理多么伟大，我敢打赌我们元老的严肃和可靠性都会丧失了。

如果世界上最伟大的哲学家发现自己正站在仅比实际需要大一点的木板上，而木板下面就是悬崖，那么就算他的理智让他相信自己是安全的，他的想象力仍然会占据上风。大部分人都无法做到忍受这种想法而不打哆嗦。它全部的后果我就不再陈述了。

谁都知道，看到一只猫、一只老鼠，或是碾碎了的一块煤等，都可能使我们不再理智。说话的语调可以改变最明智的人，改变一篇文章和一首诗。

爱或恨能够改变审判的局面。一个获得丰厚报酬的律师，会觉得他处理的案子是多么合乎正义啊！他那勇敢坚定的态度蒙蔽了审理他的案子的法官，使得法官觉得他无比优秀！理性多么荒谬，只要有风吹，就能随风倒向任何方向！

有些人在想象力的袭击下仍能坚定不动摇，我应该叙述一下他们差不多全部的行为。因为理性是必然要让步的，最聪明的理性也会把想象力随随便便地介绍到各个地方的那些东西当成它们自己的原则。（人们普遍认为，那种全凭理性做事的人是蠢人。我们必须根据大多数人的观点做出判断。因为这样能讨大部分人的喜欢，因此我们必须整天都在想象力的自娱自乐中辛劳，并且在疲惫的理性通过睡眠恢复活力后，我们必须马上爬起来追逐这些过眼云烟，去承担世上的统治者造成的后果。这就是错误产生的一个原因，但它并非唯一的原因。）

对于我们的长官来说，这不是秘密。他们的大红袍，他们用以把自己裹得像只毛茸茸的猫的貂皮，他们用来进行审判的法庭，那些花样的旗帜，这一切冠冕堂皇的外表都是十分必要的。如果外科医生没有白大褂和骡子，假如博士没有方形帽子和四边肥大的礼服，他们就不能蒙骗世人了，而世人却又抵挡不了这些最初始的代表权威的炫耀。如果长官能做到秉公执法，如果医生有治病救人的医术，他们就没有戴方形的帽子的必要了——这些科学的崇高，其本身就足以让人崇敬了。

然而，既然他们只具有想象力的知识，那么他们就必须借这些可笑的道具来激发人们的想象力。实际上，他们就是靠这些博得人们的尊敬的。唯有战士不用这样的方式来武装自己，因为事实上他们的存在是不可或缺的。别人只能靠卖弄树立自身形象,而他们凭借的是自己的力量。

因此,我们的国王们并不追求伪装。他们不用特殊的服饰装扮自己以示威严,但有卫兵和武器伴其左右。那些有勇有谋跟随着他们的强壮的红脸大汉,那些在他们前面开路的喇叭和大鼓,还有那些簇拥着他们的卫队,即便最勇敢的人看到这些都会感到战栗。不只是服饰,他们还有权力。必须绝对理智,才能把那住在豪华的宫殿中的,有四万多士兵簇拥着的土耳其国王看成一个凡人。

我们不可能看到一位头戴帽子、身穿长袍的律师认为他自己没有值得赞赏的观点。想象力安排好了一切,它创造了美、公正和幸福,创造了世界上所有的一切。我特别欣赏一部意大利著作,虽然我只知道书名,然而,仅仅是书名就已经超过了很多其他的著作——这本书名为"论意见,世界的女王"。

这本书我并没读过,但我却赞赏它,除了它的缺点;假如它有缺点的话。欺骗的能力能产生很多影响,它仿佛是故意给予我们,以便将我们引入那必然会有的错误。然而即便如此,我们也还有很多其他犯错误的理由。

不但那些原有的印象会使我们误入歧途,新事物的魅力同样具有这样的能力。由此便引发了人类各种各样的争吵，人们彼此嘲笑，不是根据幼年时的错误印象，就是轻率地根据后来新的印象。谁能真正做到不偏不倚，就请他出来加以证明吧。这里没有丝毫原则可言，即便是从我们幼年就有的天真和自然，它都不可能被看成一个教育或者感官上的错误印象。

有人说："因为你从小就认为，当你看到盒子里什么东西也没有时，盒子就是空的，所以你相信真空可能存在。这是你感官的错误，是被习惯所强化下来的一种错觉，必须由科学来纠正。"还有人说："因为你在学校受到的教育是真空并不存在，当你非常明确地相信它时，你就将自己的常识摧毁了，你要想改变这种观点就必须回归到你最初的状态。"感官、教育，到底是谁欺骗了你呢？

还有另外一种导致我们错误的根源，那便是疾病。参见蒙田的《文集》第2卷第12章。我们的判断能力和感官被它们破坏了。如果严重的病情使我们感觉到明显地发生了变化，那么我们就会相信，那些小病同样会按相同的比例让我们发生变化。

我们自身的利益也是一种奇妙的、让我们眼花缭乱的工具。即便是世界上最公正的人，也不能担任涉及他自己的案件的审判官。我知道，有些人为了不使自己陷入这种自利的境地，偏激地让自己反向而行,从而让自己成了最不公正的人。要想使一桩公正的案件败诉,最好的方法是让他们的近亲来给他们提建议。

公正和真理这两个尖端是如此精细,以至于我们的工具太过粗钝而不能准确地接触它们。即便我们的工具能做到这一点,要么将它撞碎了,要么整个地倒向了错误的一面而不是真理的一面。

(人是如此幸运地被构造出来,他缺乏很好地把握真理的能力,也不具备极大的犯错误的才智。现在我们来看看有多少……然而错误的最强有力的原因,则是感性与理性之间的战争。)

82

没有任何东西能让人看到真理。所有的事物都在愚弄人类。真理的两个来源:理性和感性,不仅毫无诚信可言,还互相欺骗。感性用虚假的表象误导了理性,而感性欺骗理性的这种手段,反过来使感性自己被理性用同样的手段,从它那里接收回了虚假,理性从而报复了感性。灵魂的热情扰乱了感性,并使感性形成了虚假的印象。它们在虚假和欺骗当中彼此争斗。参见蒙田的《文集》第2卷第12章。

但除了那些因为偶然和缺乏智慧而产生的错误之外,这些不同种类的错误……

83

想象力用一种荒诞的判断,将很小的事物胀大,使其充满我们的灵魂;同时用鲁莽傲慢的态度,把极大的事物缩小,使自己能容纳它。

84

那些能将我们抓住的事情常常是微不足道的,比如隐藏好我们那一点儿财富。明明是虚无的状态,我们的想象力却可以把它扩大成一座大山。假如想象力多绕一个弯,我们就不难发现这一点了。

85

（我的想象让我讨厌一个喋喋不休、抱怨不停的人和一个吃东西时口沫四溅的人。想象力的分量特别大。它能让我们获益吗？因为它是天生具有的，所以我们就应该屈从于它的分量吗？不，我们一定要反抗它……）

86

就像是有比一个人被自己的想象所左右更加不幸的事情一样。该句原文为拉丁文，参见蒙田的《文集》第2卷第12章。

87

孩子们被他们自己所画的鬼脸吓到了，因为他们只是孩子。然而他们在是孩子的时候就这样脆弱，怎么能在长大后变得坚强勇敢呢？我们只是改变了我们的想象罢了。所有的一切只要是因为成长而变得完善的，也可以因为成长而被摧毁。凡是曾经脆弱的永远无法变得绝对坚强。我们只能徒劳地说："他长大了,他变了。"其实他还是那一个人。

88

习惯是我们的天性。习惯于某种信念的人就会信仰它的信念,对地狱不再害怕,也不再信仰别的什么东西……没有人会怀疑,我们的灵魂既然已经习惯了数字、空间、运动,它就自然是相信这些并且只相信这些的。

89

一件事情很常见,人们便不会感到奇怪,虽然他们对其中的原因并不理解;若是一件他们从未曾见过的事情,他们就会认为是一件稀奇的事情了。原文为拉丁文,参见西塞罗的《论神》第2章,第49节。

90

太阳的斑点。原文为拉丁文。——当我们看到一种结果总是反复出现时,我们就断定其中一定存在一种内在的必然性,比如说"太阳明天依然升起"等。但自然常常欺骗我们,而且她自身的规则也无法支配她。

91

我们本性的原则如果并非我们所习惯的原则,那又是什么呢?对孩子们来说,就是他们从自己父亲的习惯中所接受的原则,就像动物捕食一般。通过不同的习惯,我们会获得不同的本性原则。这可以通过经验看到;如果有一些习惯不能根除的本性的原则,那么也就存在一些自然不能根除,另一种习惯也不能根除的违背自然的习惯。这和人的性情有关。

92

父母生怕自己孩子的天赋会消失。那种会被破坏的本性又是什么呢?习惯是第二本性,它毁坏了第一本性。*参见蒙田的《文集》第1卷第22章。*然而什么是本性呢?为什么习惯就不是本性呢?我很担心,或许本性自身也只是第一习惯,正如习惯只是第二本性一样。

93

人类的本性完完全全是天生的。各种野兽,各从其类。原文为拉丁文,参见《旧约·创世纪》第7章第14节。

没有什么东西是人类不能使之自然的,也没有什么东西是人类不能毁灭的。

94

记忆是印象,欢乐也是印象,甚至数学的命题也可以变成印象。自然的直觉因教育产生,而又被教育抹杀。

95

当我们习惯于用坏的推理去证明自然的结果,即便发现了好的推理,我们也不愿意用其去证明。我们能够举这样一个例子:血液的循环就好像一个推理,这样就能解释为何血管在被缝合后会肿胀。

96

　　人生中最重要的事情就是选择职业，而机会决定了选择。习惯造就了泥水匠、军人、石匠。有人说："他是一个好石匠。"而在谈到军人时，说："他们是十足的傻瓜。"但其他人觉得"战争是最为伟大的，其余的人都不是好货色"。我们选择自己的职业时，以我们幼年时候听到的这样或那样的称赞或贬低的话作为依据，因为我们天生喜欢真理而讨厌愚笨。我们被这些话语鼓舞，只是在运用它们时犯了错误。

　　习惯的力量这样大，使得我们从那些认为自然只创造了人类的人们当中，创造了人的所有情况。因为有的地方到处都是泥水匠，有的地方又都是士兵，等等。当然，本性并不一致。使得本性不一致的是习惯，因为习惯束缚了本性。然而有时本性也能占据优势，不管是好的还是坏的习惯，都保持住了人类的本性。

97

偏见导致谬误。——最可悲的事就是看到每个人都不顾目的而只考虑手段。人人都在考虑如何利用自己的条件；然而这种条件的选择以及国度的选择，都只能听凭于运气的安排。

98

意志的行为和其他一切行为之间存在着一种普遍的、根本的不同。

意志是形成信仰的一个主要因素，并不是说它可以创造信仰，而是因为事物是真实的还是虚假的受我们看到它们的那个方面的影响。意志，如果偏好于一方面，而不喜欢另一方面，它就会让自己的思维不再考虑它所不喜欢的那些属性；因此思维随着意志的转移而转移，只思考它喜好的一面而停止思考其他的方面，并以它所看到的为依据来作判断。"意志"指物质利益或者欲望，"思维"指理智或智慧。欲望和理智常常是对立的，意志与思维也是如此。欲望和理智并不直接作用于真理，但却能左右人们的关注点，从而影响了人们的判断。

99

自爱。——人类自爱的本性和自私的本性,都是指只爱自己和只考虑自己。然而除此之外人类还能做什么呢?他无法阻止自己去爱那些满是虚假和欲望的事物。他希望自己伟大,但却发现了自己的渺小。他渴望快乐,但却发现了自己的可悲。他希望自己完美,但却发现自己满是缺陷。他渴望成为被人们尊重和喜爱的人,但却发现自己的缺点只能被人们厌恶和轻视。他自己发现的这些尴尬,在他的心中唤起了最不公正和最可耻的情感,这是我们能够想象得出来的。因为对于那些谴责他、证实他的缺点的真理,他抱有一种致命的仇恨。他想毁灭这个真理,但却无法从根本上将其摧毁。因此他就尽可能地破坏他自己的知识和别人的知识里的真理。这就是说,他费尽心力隐藏自己的缺陷,为的只是让自己和别人看不到它们,他无法忍受别人指出这些缺陷,也无法忍受别人看到这些缺陷。

事实上,充满了缺陷是种灾难;但是如果充满了缺陷却又不肯承认它们,就是一种更大的灾难,因为这就增加了一种故意掩人耳目的缺陷。我们讨厌被人欺骗,我们给予他们的尊重比他们应得的尊重多,我们觉得这是不公平的;同样,我们欺骗他们，希望他们给予我们的尊重超过我们应得的，也是不公平的。

所以，当他们只是发现我们确实有缺陷和恶习的时候，很显然他们并未损害我们，因为造成缺陷和恶习的并不是他们；相反他们还对我们有益，因为我们在他们的帮助下从灾祸——对那些缺陷的无知——中解放了出来。他们知道我们的缺陷，轻视我们，我们不应生气。他们理应知道我们是什么，如果我们是应该被鄙视，他们也因此而鄙视我们，就都没有错。

这是一颗充满公平和正义的心所应产生的情感。而当我们看到自己的内心充满了不同的倾向时，我们又该对自己的心说些什么呢？我们难道不是讨厌真相，也憎恨那些告知我们真相的人吗？我们难道不是喜欢真理被蒙蔽，喜欢得到他们给予其他人那样的却并非我们实际上应得的尊重吗？

在某种程度上需要对所有人都做出来才算公正的事，我们只需对一个人做出，这就会让我们觉得不满意！人心是多么不公正和不讲理！难道我们要欺骗所有的人才是公正的吗？

这种对真相的憎恨有程度上的不同。但或许能说在某种程度上每个人都有这种憎恨，因为它和我们自爱的本性是不可分割的。那些谴责别人的人正是因为对这种错误的敏感，才不得不选择如此委婉和折中的方式，免得激怒别人。他们必须要减轻我们的缺陷，表现出原谅了我们的错误，还要点缀一些赞美和喜爱并尊重的痕迹。尽管是这样，对自爱的本性来说，这服药还是苦的。自爱常常尽量少服这服药，并且带着嫌恶，甚至经常对那些为他们开药的人满怀恨意。

因而就出现了这样一种情况：如果有人刻意讨好我们，那么一切他们所知的会让我们不高兴的事情，他们都不会做。我们不喜欢真相，他们就为我们把真相隐藏起来；我们喜欢被奉承，他们就恭维我们；我们喜欢被骗，他们就欺骗我们。

这就使得我们在世界上每升高一步就会离真理更远一步，因为人们最怕伤害这样一些人的感情：他们对我们的好感非常有益，而他们对我们的反感非常危险。一个国王可以成为全欧洲人的笑料，但他却丝毫不知情。对此我一点儿也不觉得惊讶。将真相告诉他，对他来说是有益的，但对那些告诉他这些话的人来说却是危险的，因为这会让人记恨他们。相比君主的利益，那些常伴君主左右的人更爱他们自己的利益。所以他们谨慎地保全自己，而不给他们的君主牟取利益。

这种灾祸无疑在上层社会当中更有危害、更为常见；但在下层社会中也不可避免，因为讨人喜欢总是有某种好处的。所以，人类的生活只不过是一个永恒的幻影。人们彼此蒙蔽、彼此奉承，没有人会当着我们的面像他在背后谈论我们一样进行谈论。人类社会就建立在人们相互欺诈的基础上。如果每个人都知道自己的朋友在背后说了自己什么的话，那么就不会有持久的友谊了，即使朋友说得真诚，不带感情色彩。

因此，人不过是掩饰、谎言和伪善而已，不管是对自己还是对别人。他不希望别人告诉他真相，也避免将真相告诉别人，所有这些距离公正和理性如此之远的品性，都在他的心里有一种天生的根基。

100

我把这看成一个事实：如果每个人都知道人们对其他人的评价，那么人类在世界上的朋友不会超过四个即朋友会很少。流言与人们对他人的评价不无关系，它将不断引起争吵和纠纷，这一点是非常明确的。

101

有的恶习之所以在我们身上扎根,只是由于别人,这些恶习就像枝杈,树干一倒,它们也随之脱落。

102

亚历山大的节操的榜样所造就的节制,和他酗酒的榜样所造就的恣意相比,要少得多。品德不像他那样高尚并不可耻,而不如他那样堕落好像又是能够原谅的。当我们看到自己陷入伟大人物的那种罪恶时,我们并不相信自己全然陷入普通人的罪恶的深渊。但是我们却并未意识到,伟大的人物在这些方面也是普通人,我们与他们产生联系的方式,和他们同下层民众产生联系的方式是完全一样的。因为,虽然他们很高贵,但他们总还是在某些地方是同最低下的人联系在一起的。

他们并不是被悬浮在空中的远离我们的群体,不,不是的!如果他们比我们伟大,原因就在于他们的头抬得更高些。但他们的双脚和我们一样低。他们与我们都站在同一个水平面上,都处在同一块土地上。相对于那终端,他们和我们,和最低贱的人，和儿童，和野兽一样低。

103

当我们在热情的指引下做某件事情时，我们就将我们的责任抛在了脑后。例如，我们喜欢一本书，从而去阅读它，但此时我们本应去做别的某件事。而今，我们为了提醒自己记得自身的责任，就必须让自己去做讨厌的工作。这时，我们就会借口自己有其他的事情要做，用这种办法使自己记住自身的责任。

104

我们将一件事情交给别人来判断，而我们又不用我们交给他们事物的方式影响他的判断，这是多么不容易的事情啊！假如我们说"我觉得它很漂亮""我觉得它很含糊"等诸如此类的话，我们不是把想象力带入了那个判断，就是扰乱了它。最好什么都不说，别人就能根据它的实际情况进行判断，也就是说，根据它本来的状态，或是其他并非我们人为的实际情形，对它做出判断。但我们至少可以不添加任何东西，除非这种沉默也会产生某种作用,这种作用是根据其他人给它安排的意向和解释,或者是他根据姿势、表情或说话的语气来做判断的。总之,完全依据他的本来状态做判断,极易让人泄气,这是一件很困难的事情,几乎艰难到稳固和坚定的程度。

105

知道了一个人的最大喜好,我们就有把握讨他的欢心。但是每个人都有自己的幻想,而这种幻想却和他真实的喜好相反,即和他对美好事物的想法完全不同。这是一个多么让人困惑的事实啊!

106

他用灯照亮大地。该句原文为拉丁语,出自西塞罗翻译的《荷马史诗》之一《奥德赛》第18章。——天气和我的心情并没有太大的关系。对我来说,我有我认为的阴天或晴天,我的幸运或不幸都与它没有什么联系。有时候,我用力反抗幸运,这种支配它所获得的荣耀让我兴致勃勃地要去把握它。然而有时候,我却沉迷在好运气中不能自拔。

107

虽然有人对自己所说的根本就不感兴趣,但我们不能从中绝对地下结论,他们没有说谎;因为有些人只是为了说谎而说谎。

108

当身体健康的时候,我们会好奇如果自己生病了会怎么做。但一旦生病了,我们就心安理得地去吃药了,是病症让我们这样做。我们再也没有进行娱乐和休闲的热情和愿望,那些是健康给予我们的,在生病时是不需要的。自然赋予我们适合于我们当前的热情和愿望。参见蒙田的《文集》第1卷第19章。只有我们加给自己的,而并非自然给予的恐惧才令我们烦恼,因为它们把不是我们现在所处的状态中的情感加到我们现在所处的状态中了。

大自然常常使我们在任何状态中都不快乐,我们的愿望给我们描绘了一种幸福的状态;因为它们在我们的现状上加上了我们在此状态中没有的那种快乐。即便我们获得了这些快乐,我们也并不会因此感到幸福;因为我们还会有适应这种新的状态的别的愿望。

我们必须对这一普遍命题进行具体分析……

109

感受到当前快乐的虚假,但又不知道不存在的快乐的虚幻,导致了变化无常。

110

变化莫测。——我们在触及人的时候,总感觉自己像在触及一架普通的风琴。人的确是一架风琴,不过人是一架古怪的、变幻莫测的、奇特的风琴(它的琴弦并不是按照常规来排列的),那些只懂得怎样弹奏普通风琴的人,是不能在它那里弹出和谐的音乐的。我们一定要知道(音触)在哪里。

111

　　变化莫测。——不同的事物有不同的性质,不同的灵魂有不同的倾向;呈现在灵魂面前的任何东西都不是纯粹的,而灵魂也从来不将自己单纯地呈现在任何事物面前。因此就会出现我们对同一件东西又哭又笑的情形。参见沙伦的《智慧集》第1卷第43章。

112

　　多样性是如此的丰富,如声音有各种各样的音调,散步有各种各样的方式,咳嗽、鼻涕、喷嚏也一样。我们将果实作为区分葡萄种类的依据,有孔德鲁品种,有德扎尔格品种,还有各种嫁接的。这就是一切了吗?一棵葡萄树上从来没有结过两串完全相同的葡萄吗?一串葡萄上有两颗完全相同的葡萄吗?等等。
　　我无法用相同的方法严格地判断同一个事物。我无法在自己创造作品时,对这件作品进行判断。我必须像画家一样,隔着一定的距离审视它,但不能太远。那么这个距离是多远呢?让我们猜猜看。

113

多样性。——一个人是一个整体,但如果我们对他加以解剖,他会不会只是头、心脏、胃、动脉、每条血管、血管的每一个部分、血液、血液里的每一滴血呢?

从远处看,一座城市就是一座城市,一片郊野就是一片郊野,然而当我们走近时,有房子、树木、砖瓦、树叶、小草、蚂蚁、蚂蚁的脚等无穷无尽。所有这一切囊括在郊野这个名称里。

114

思想。——一切都是一,一切又各有不同。人的身上究竟有多少种天性,多少种天赋?每个人通常都选择那些他们知道别人所称赞的事物,这是多么巧合啊!一种旋转自如的鞋跟。

115

鞋跟。——"啊,它转得多好啊!这是一个多么心灵手巧的工匠!这是一个多么勇敢的士兵!"这就是我们的意愿以及选择状态的根源。"这个人的酒量这样大！那个人的酒量那样小！"正是这一点，让人沉醉或清醒，让人成为勇士或懦夫，等等。

116

真正的天才能主宰其他的一切。

117

自然会复制她自身。一粒种子播种在沃土中就会往外生长出果实。一种原则灌输进好的思维中，也将结出硕果。数字仿制着空间，却与自然界的空间迥然不同。

所有这一切都是由同一个造物主创造和指导的，根茎、枝干和果实是这样，原则和结果也是这样。

118

（自然在变化和复制，人工则在复制和变化。）

119

自然总是周而复始地做同样的事情,年、日、时;同样的方式,空间和数字也是自始至终彼此延续的。一种无穷和永恒的状态就这样形成了。并不是这里面的任何东西都是无限和永恒的,而是说这些有限的存在被无尽地增加着。因此,这让我觉得,似乎只有那繁衍着他们的数字才是无限的。

120

时间能治愈痛苦,弥合争吵,因为我们在变,不再是原来那个人。侵犯者和被侵犯者都不再是他们原来的样子。这就好像我们激怒了一个民族,隔了两代以后再次相遇一样。这句话的意思是说,有过冲突的两个民族,经过两代人以后,情况或许就截然不同了。他们依然是法国人,但已经不是原来的法国人了。

121

他不再喜爱自己十年前喜爱的那个人。对这点我完全相信。

她已经不再是当年的她,当然他也不是。他当时是年轻的,她也是。但现在她完全不一样了。如果她还是当年的她的话,也许他还会爱她。

122

我们观察事物,不仅要从不同的方面进行观察,还要用不同的眼光来观察。我们不期望发现它们是相似的。

123

矛盾性。——人类天生既轻信又怀疑,既胆怯又鲁莽。

124

对人的描述:依赖,独立的愿望,各种需求。

125

人的状况:变化无常,厌倦,动荡不安。

126

厌倦是我们在脱离了那种一直和我们相联系的状态之后的感受。一个人在家中惬意地生活。但假如他看到了一位迷人的女人,或是他放纵自己玩了五六天,这时他再回到原来的生活中,就非常可怜了。这事情是最为常见的。

127

我们的天性在于行动;完全的静止等于死亡。参见蒙田的《文集》第3卷第13章。

128

不安。——当一名士兵或者一位工人抱怨自己的工作艰辛时,那就什么都不让他做,看看会是怎样的情况。

129

厌倦。参见蒙田的《文集》第2卷第12章。——对一个人来说,再没有别的什么事情比让他处于完全的静止休息当中更难以忍受得了,没有激情,无所事事,没有方向,无所用心。这时,他会感受到自己的没用,自己的孤独,自己的不和谐,自己的软弱和空虚。由此,他的心灵深处立刻会生出厌倦、忧郁、悲伤、烦躁、苦恼和绝望。

130

我认为,恺撒_{罗马共和国末期杰出的军事统帅、政治家}年纪太大了,是不会以征服世界为乐的。这种娱乐更适合奥古斯都_{恺撒的继承者,罗马帝国第一位皇帝}和亚历山大。他们还年轻,所以是很难约束的,然而恺撒应该是更成熟的。_{参见蒙田的《文集》第2卷第34章。}

131

两副相像的面容,任何一个单独存在都不会让我们觉得好笑,但当他们被放在一起时,它们的相似会让我们忍不住发笑。

132

绘画是如此没有益处!人们赞赏它那模仿事物的相似性,而对那些原创的作品却并不赞赏。

133

让我们高兴的是斗争本身,而非胜利。我们爱看动物争斗,而不喜欢看到战胜者俘虏战败者。我们唯一想看的是胜利的结果,但它一旦出现,我们却又觉得腻烦。游戏也是这样,追求真理也是这样。在争论中,我们爱看观点的交锋,但对被发现了的真理却根本不加思考。为了能开开心心地观察它,我们就一定要看它是如何从争论中得出来的。因此在感情方面,我们也要看到对立的双方发生冲突才有乐趣。而一旦其中一方获得了主导权,那就只不过是暴行罢了。我们追求的一向是对事物的探索,而非事物本身。同样地,在剧本中,那些不能引发恐惧害怕情感的场景也是没有丝毫价值的。所以会出现极端而又无可挽回的不幸、残酷的欲望和极端的肆虐。

134

一点儿小事就能安慰我们，因为一点儿小事就能让我们痛苦。参见蒙田的《文集》第3卷第4章。

135

无须检验各种特殊的职业，只要从消遣中来理解它们就足够了。

136

除了在自己的空间，人天生就是石匠和其他任何的职业。

137

消遣。——我有时会思考人类的各种各样的困惑，思考他们在法庭上、战争中所面临的种种痛苦和危险，思考那些引起无数纷争、激情、大胆而又糟糕的冒险的千奇百怪的原因。每当这时，我就发现人类的一切不幸的根源基于这样一个事实：

他们不能安分地待在自己的空间里。一个有足够多的财富可以维持生活的人，如果他知道怎样让自己开开心心地待在家中，他就不会背井离乡远渡重洋或者攻城略地了。军饷假如并不是那么吸引人，他们就会发现攻城略地是件多么令人讨厌的事情；人类之所以去寻求交际和娱乐活动，就是因为他们无法开开心心地待在家里。

但当我更进一步思考，发现了我们一切不幸的根源之后，我还想去发现这些原因的合理性，我发现有一个非常确切的理由，即我们脆弱和致命的先天不足的状态是这样可怜，以至于当我们用心思考它们时，没有任何东西可以给予我们慰藉。

不管我们对自己描绘了一种什么样的场景，如果我们把所有我们能够拥有的美好的东西都聚集起来，那么王位就算得上是世界上最好的位置了。可是，让我们想象一下，当国王对自己可以拥有的一切感到满心欢喜时，假如他没有娱乐活动，只是让他去考虑和思索他的实际情况，那么这种无聊的幸福就支撑不了他了。他必然会预感到各种岌岌可危的情况，在那些或许会发生的叛乱中，在那些不可避免的疾病和死亡的恐惧中被压垮。所以假如他没有所谓用来消遣的东西，他就是不幸的，并且和他那些懂得娱乐和消遣的低下的臣民相比更为不幸。

所以，赌博、交女朋友、发动战争、谋求高位的现象出现了。并不是说这样做事实上有什么幸福的成分，也不是说人们想象着有什么真正的天赐福气——他们赌博赢来的钱，他们打猎得到的野兔，我们不把这些看成天赐的礼物。我们追求的是那种可以转移我们的思考并让我们得到消遣的喧闹，而并非那些安乐和平静的运气，这些会让我们想起我们不幸的处境，也不是战争的危险和职位的辛苦。

这就是相比于猎物本身我们更喜欢狩猎的原因。

所以，人类十分喜欢喧闹和纷扰；所以，坐牢才会成为一种很可怕的惩罚；所以，孤独的快乐成了一件无法理解的事情。并且事实上，站在国王的角度看，人民不停地努力，为他制造各种各样的欢乐，才是他取得幸福的最大来源。

国王的身边围绕着这样一些侍臣，他们一心只想让国王开心，防止他想到他自己的情况。因为即便是国王，当他想到自己时，他也会觉得不幸。

这便是人类为了他们自己的幸福所能发现的所有了。而那些像哲学家一样思考事物的人，认为人类花费一整天的时间去追逐一只兔子——这只兔子实际上他并不想要——是不明智的，他们对我们天性的认识不够。这只兔子本身并不能遮蔽我们的视线，让我们看不到死亡和悲惨。但追逐它却可以转移我们的注意力，将我们同恐惧隔开。

说服皮洛士古希腊伊庇鲁斯王国国王，曾入侵意大利，击败罗马军队。皮洛士曾打算征服全世界之后再享受安宁，他的大臣西尼阿斯劝他及时享受眼下的安宁，要他在他所极力追求的安宁生活中休息一下，那是非常困难的事。参见蒙田的《文集》第1卷第42章。

要一个人平静地生活，就是要他幸福地生活。这是建议他处于一个完全幸福的状态中，在这种状态中，他可以自由地思考而不会觉得痛苦。然而这是不了解人的天性的人的想法。

既然那些自然而然地理解他们自身状态的人极力地想要避免安静，那么，为了追求混乱，他们就什么事情都能做得出来。这倒不是说他们对真正的幸福有一种本能的理解，只是把追求它当成一种消遣。

因此，我们如果责怪他们，我们就错了。他们错在，他们追求它就好像如果他们拥有他们探索的对象的话，就能使自己真正幸福一样。正是基于这一点，我们才准确地把他们的探索称为一种徒劳。所以不管是消遣的人还是被消遣的人都不了解人类真正的天性。

所以，当我们指责他们，说他们狂热追求的东西并不能使他们满足的时候，如果他们回答——就像他们对问题经过认真透彻的思考后会回答的那样——他们在它当中所追求的仅仅是一种强烈而冲动的征服，以便从自己身上转移自己的思想，因此他们为自己选择了一个有吸引力的对象来强烈地引起自己的注意。如此他们就能让他们的对手哑口无言。但他们并未这样回答，因为他们对自己并不了解。他们不明白，自己所追求的只是狩猎，而并非猎物本身。参见蒙田的《文集》第1卷第19章。

跳舞：我们必须想好了自己的双脚该放在哪里。——一个绅士真诚地相信，狩猎是一项伟大而高贵的活动；但一个猎人却并不这样认为。

他们想象如果获得了这个职位，自己就会开开心心地安静下去，但却未意识到自己欲望中那种不知足的本质。他们认为自己真的是在追求安静，但其实他们只不过是在追求刺激而已。

他们有一种神秘的本能，在这种本能的驱使下，他们去追求内在的欢乐和外在的征服，这种本能源于他们对不幸的不停的抱怨情绪。他们还有另一种神秘的本能，即我们原始天性的伟大的遗迹，这种本能告诉他们现实的幸福只在于安宁，不在于骚动。在这两种相反的本能的作用下，他们内心深处形成了一个混乱的想法，就隐藏在他们灵魂的深处，煽动他们通过刺激去得到安宁,并且让他们幻想着他们永远不可能拥有的心满意足,如果克服了他们所面临的所有困难的话,他们就能将通往安宁的大门打开。

因此,人的一生就这样消逝。人类与困难斗争以求得安宁,当我们战胜了困难,安宁又变得不能忍受了。因为我们不是想着我们一切的不幸,就是想着可能威胁到我们的事情。而且即便我们看到自己在各个方面都有充分的保障,厌倦也仍会从我们的内心深处出现——因为厌倦在那里有天然的根基,并以它的毒害来充满我们的思维。

因此,人类是这样可怜,以至于就算没有任何厌倦,他也会因为自己天性的乖僻而感到厌倦;人类是这样轻浮,以至于虽然存在成千上万个厌倦的原因,但最不起眼的一些小事,如玩撞球或打中了一个球等,都能让他快乐。

他的一切都有什么目的呢?请你说说看。这只不过就是第二天在他的朋友中夸耀一下他玩球的技术比别人高明罢了。另外,还有人在自己的房间里努力工作,只为了向别人证明他们已经解决了迄今还未能解决的代数问题。还有更多的人将自己置于极大的危险中——在我看来这是很愚蠢的——为的只是以后吹嘘他们曾经攻占了一个城市。最后,还有人耗尽了一生研究这一切的事物，并不是为了更加聪明，而仅仅为了证明他们了解这些事物。这些人是这帮人当中最愚蠢的，因为他们是这样博学却还是如此愚蠢，我们可以假设，如果另一些人也懂得这些事物，他们就不再愚蠢了。

那种每天小赌几把的人，他一生中是不会感到厌倦的。假如每天早晨都将他这一天里能赢得的钱给他，条件是他不能去赌了，那会让他觉得不幸。也许能够说，他追求的不是赢钱，而是赌博的乐趣。但取消赌注让他去赌博，他就变得兴致缺失，并且觉得厌烦。所以，他所追求的就不只是娱乐，让人提不起精神、缺乏激情的娱乐让他觉得厌倦。他一定要兴奋起来，并且用幻想来欺骗自己，幻想自己必然能成为激情的主体，通过它来刺激自己的愿望、自己的痛苦、自己的恐惧，来终止他的想象，就像孩子们被他们自己画的鬼脸吓到了一样。这个人，几个月前刚失去了自己的独子，或者今天早上还因被官司和诉讼纠缠而心烦意乱，现在竟然不再想这些不幸的事情了，这是为什么呢？你不用觉得惊讶，他正在全神贯注地寻找一头野猪的下落，六个小时前那只野猪曾被他的狗疯狂追逐。他不再需要其他的东西。

虽然一个人或许满心悲伤，但如果他能成功地把自己放进某些娱乐中，他是能获得暂时的快乐的；虽然一个人或许非常幸福，但如果他没有消遣和被热情、追求这些可以防止厌倦的东西所占据，他将很快觉得不满意和不幸，没有娱乐就没有快乐，有了娱乐就不会有悲伤。地位高贵的人之所以快乐，就是因为这个原因，有很多的人让他们娱乐，并且他有能力让这些人一直这样做。

想想看，成为总监、大臣、首席州长后，这样的身份能使一大群人在早晨从四面八方赶来看他们，为的只是不让他们在一天中——哪怕只是一个小时的时间，想到他们自己。还会有别的什么原因吗？当他们倒台或被贬还乡的时候，他们必然会陷入不幸和孤独中，因为他们没有财产，也没有仆人来侍候他们，没有人会阻止他们想到自己。

138

（那个因为妻子和独子的去世，或者被那些重大诉讼折磨而烦恼、悲痛的人，此时并不悲伤，他看起来似乎摆脱了那些痛苦和不安的想法，这是怎么回事呢？我们不必诧异，因为有人给他打过来一个球，他必须把球打回去。他一心想要接住那个从上面掉下来的球，好赢得比赛。在他手上有着另一件事情要做的时候，他是不会想到他自己的不幸并祈祷的。这个关注足以占据这个伟大心灵，将他思维中其他一切的想法都带走。这个人就是为了认识宇宙、判断所有事物的缘由、统治整个国家而生的，现在抓住一只兔子的事情却占据和充满了他的头脑。假如他不把自己降低到这样的水平，希望一直都处于紧绷状态的话，他就是非常愚蠢的，因为他想要让自己超越人类。但他归根结底只是一个人，也就是说，他的能力很强又很弱，能做所有的事情又无法做任何事情。他既不是天使也不是禽兽，而只是人。）

139

人们花费时间去追逐一个球或一只兔子，甚至连国王也以此为乐趣。

140

消遣。——这高贵的威严是不是本身还不够伟大，以使拥有它的人仅仅因为想到自己到底是什么而获得幸福？他必须从这种思考中转移出来吗，就像普通人一样？我清楚地看到，一个人一心想要好好地跳舞以使自己的大脑被跳舞的事情占据，他因此从家庭的不幸景象中转移出来，并感到快乐。然而一个国王也会是这样的吗？他思考他自己的伟大之处，是不是还不如追求这些无益的娱乐幸福呢？还有哪些更令人满意的事情能提供给他的精神？这是不是剥夺了他的快乐呢？比如说，让他的灵魂专心地想着怎样跟随广播传来的节奏来调整步伐，如何准确地投掷一个球，而不是让他安静地思考那些围绕着他的高贵荣耀？我们来做一个测试：我们让国王独自自由地、彻底地审视他自己，不让他得到任何感官上的满足，没有任何精神上的慰藉，不和任何人来往。这时我们将会看到，没有一点儿娱乐消遣的国王只是一个内心充满了痛苦的人。所以，人类谨小慎微地避开这一点，因此总有一群人围绕在国王身边，他们负责公事后的消遣，他们无时无刻不在关注着国王的闲暇时间，好给他提供欢乐和游戏，从而使他不会有时间来痛苦。事实上，国王身边围绕着许许多多的人，他们尽心竭力地关注着国王，不让他有独处的机会而陷入反思自己的状态中去。因为这些人很清楚，尽管他是国王，如果他审视自身，也仍然会感到痛苦。

141

消遣。——从幼儿时期人们就因他们的荣誉、财产、朋友，甚至朋友的荣誉和财产而烦心。事业、学习语言、锻炼身体，都是压在他们身上的重负。他们接受的教育让他们明白，只有健康、光荣、幸运以及自己的朋友也处在同样的情况下，他们才能快乐，否则只要有一样东西欠缺了，就会让他们痛苦。所以他们被加以各种负担和事务，这使他们天一亮就要忙个不停。——或许你会惊呼，这是一种多么奇怪的让他们快乐的方式！我们能做些什么让他们摆脱这种不幸呢？——当然！只要将他们身上的负担解除就行了；这时他们将审视自己：他们将思考他们是什么，他们从何而来，要去往何处，但我们无法使他们太过分心和转移注意力。这就是为何在让他们承担了那么多的事务之后，如果他们还有娱乐的时间，我们就会建议他们去消遣、游戏，并永远忙碌。

人心是多么空虚，多么充满污秽啊！

142

我曾长时间地从事抽象科学的研究,而从事这个研究领域的后来人非常少,这让我很沮丧。当我开始研究人类时,我发现这些抽象科学不适合人类,而相比那些对它们一无所知的人来研究,我从我自己对它们已有的认知出发来研究,更容易错乱离题。我可以原谅他们对此知之甚少。但我觉得至少可以找到不少研究人类的同伴,而且是真正适合于他的研究。可是,我错了。相比研究几何学的人,研究人类的人要少得多。只因为对怎样研究人我们缺少认知,所以我们去追求别的研究领域。但是,是不是这里的知识也并不是人应该具有的知识,为了幸福,人类最好还是不要了解自己呢?

143

(在同一时间里我们只能被一种思想占据;我们无法同时思考两件事。在世人看来,这对我们来说是幸运的,但上帝却并不这样认为。)

144

很显然,人类是为思想而生的。他全部的尊严和价值都在于此,他的全部责任就在于思考他应该思考的。现在,思想的顺序以他自身为开端,以他的创造者和他的归宿为开端。

现在,世人思考的都是什么呢?是跳舞、弹琴、唱歌、作诗、赌博,是争斗,是让自己当国王,等等,却从来不去思考做国王意味着什么,做人又是怎么一回事。

145

我们不满足于我们自身的存在和我们所拥有的生活,我们希望过的是别人脑海中想象的那种生活,为此,我们努力使自己做得出色。我们忽视真正的生活,通过不断地劳动来美化和保持这个想象中的存在。只要我们的思想冷静、崇高,态度诚实,我们就会迫切地让别人知道,为的是将这些美好的东西加进那个想象的存在。我们宁愿将它们从我们身上剥离,去添加在想象的存在中。为了获得成为勇者的名声,我们宁愿当懦夫。表明我们自身存在的虚无的最大证据,就是我们少了任何一个都不满足,并且勇于放弃这一个来得到另一个!因为谁要是不肯为保全他的荣誉而死,他就会声名狼藉。

146

我们是如此狂妄,以至于希望全世界的人——甚至是我们不复存在后的后来人——都知道我们;我们又是如此爱慕虚荣,以至于我们周围的五六个人的尊重就能够使我们开心和满足。我们的幸福存在于我们自身之外,存在于他人的评价中,参见拉·布鲁意叶的《人论》。

147

经过一个城镇,我们并不关心自己是否受到尊重。但假如我们在这里停留一段时间的话,我们就很在意了。这个过程需要多长时间呢?这个时间同我们的虚荣和卑微的生活成正比。

148

虚荣是这样深入人心,以至于一个士兵、一个士兵的俘虏、一个厨师、一个吹牛的挑夫等都渴望有崇拜自己的人,就连哲学家也有这样的渴望,那些写文章反对虚荣的人也想要获得写得好的赞誉参见蒙田的《文集》第1卷第41章,那些阅读这类文章的人则渴望获得阅读过此类文章的光荣。我写这些文字或许也有类似的渴望,而或许那些将要读到它的人……

149

荣誉。——赞美从人的幼儿时期就开始腐蚀着一切。啊,说得多么好啊!啊,做得多么好啊!他的品行多么端正啊!等等。

波·罗雅尔一座以严厉教育而闻名的修道院的孩子们,没有被这种羡慕和荣誉刺激过,所以就无忧无虑。

150

引以为傲。——好奇心只不过是虚荣。在大多数情况下,我们是为了能够谈论它而去了解它。如果只是为了观赏这唯一的乐趣,而没有想要和别人谈论所见所闻的渴望,我们是不会去做一次航海旅行的(从来不为了谈论它)。

151

想要得到那些我们所尊重的人的尊重的渴望。——在我们的悲哀、错误等当中,傲慢自豪似乎是我们生来就拥有的。如果人们愿意谈论到它,那么我们甚至乐于失去生命。

虚荣:游戏,狩猎,拜访,虚假的羞愧,永垂不朽。

152

(我没有朋友)于你们有利。

153

拥有一个真正的朋友是一个极大的优势,即便对一个伟大的君主来说也是如此。因为他会称赞他们,并且在他们的背后给予支持。他们应尽最大努力来收获一个真正的朋友,但他们应该认真地进行选择。因为,如果他们将所有的努力都用到愚蠢的人身上,那是没有任何用处的,虽然这些人也会说他们的好话。有时候,如果这些人发现他们处于最脆弱的阶段,那就甚至连他们的好话都不会说了,因为他们在这方面没有影响力。而这些人在群体当中就将说他们的坏话了。

154

残暴的人们啊,他们认为没有了武器,就无法生存。该句原文为拉丁文,参见李维的《罗马史》第34卷第17章。——相比和平,他们更喜欢死亡;其他人则喜欢死亡更甚于战争。

每一种意见都可能比生命更值得把握,虽然热爱生命是那样强烈且自然的事。

155

矛盾,蔑视我们的存在;无谓的死亡,仇视我们的存在。

156

追求。——声誉有这样大的魅力,以至于我们对所有依附于它的对象都心存喜爱,包括死亡。

157

隐藏的高贵行为才是最值得尊敬的。详见拉罗什富科的《箴言集》第二百一十六节。当我在历史的长河中读到这样的一些行为时参见蒙田《文集》第1卷第40章，它们使我异常喜悦。然而毕竟它们并未完全被隐藏起来，因为它们还是为人所知了，虽然人们已经竭尽所能地想将它们隐藏起来。它们所暴露出来的那一小点将一切都摧毁了，因为这里面最好的东西就是把它们隐藏起来的愿望。

158

打喷嚏也吸引了灵魂的全部功能，就和工作一样，但我们却不能从中得出同样可以反对人类伟大的结论，因为它违背了人的意志。尽管是我们自己引起它的，但打喷嚏还是违背了我们的意愿。这并不是因为它自身的行为，而是有另外一个目的。所以，这并不能证明人类的脆弱，也不能证明他在那种行为中处于被奴役的状态。

人类沉溺于痛苦并不可耻，但沉溺于快乐，就是一件可耻的事情了。这并不是因为痛苦是外界强加在我们身上的，而快乐是我们自己追求的，而是因为人也可以追求痛苦，并故意沉溺其中，但并不可耻。那么，在理性看来，听凭痛苦的压迫是光荣的，而沉溺于快乐的诱惑却是可耻的，这是为什么呢？那是因为并不是痛苦诱惑和吸引了我们。那是我们自己自愿地选择了它，并让它主宰了我们，因此，在这种情况下，我们是主人，并且在这一点上也就是屈服于自己。但在快乐里，人是屈服于快乐的。所以只有统治者和最高主宰才能获得荣誉，奴隶只会得到耻辱。

159

虚荣。——像世界上的虚荣那样明显的一件事情，却很少有人知道，这多么让人惊讶啊！竟然有人说，追求伟大是件愚蠢的事情，这又多么奇怪和让人吃惊啊！

160

谁要想充分认识人类的虚荣，只要去思考一下爱的原因和结果就可以了。爱的原因是"我不知道为什么"（高乃依），而爱的结果是可怕的。"我不知道为什么"这个原因是这样微不足道，以至于无法得到我们的承认。但它却将整个国家、君主、军队，乃至全世界都扰乱了。

克利奥帕特拉（埃及艳后）_{其统治曾先后得到恺撒和安东尼的支持}的鼻子：如果使它再短一点的话，那么整个世界的面貌也许会是另外一个样子。

161

虚荣。——爱情的原因和结果：克利奥帕特拉。

162

谁要是看不见世界的虚荣，他本身就很虚荣。准确地说，除了那些一味沉浸在被声誉消遣和对未来的思考中的年轻人外，又有谁看不见它呢？但是如果将消遣取消，他们就会因为疲倦而萎靡不振。这时他们会觉察到自己的空虚却又对它不甚了解。因为当人们陷入对自己的思考中而又无法排遣时，就会陷入不堪忍受的悲伤中，这的确是非常不幸的。

163

思想。——我在所有一切中寻找安宁。该句原文为拉丁文，出自《圣经·传道书》第24章第11节。假如我们处在真正的幸福的状态中，我们就无须将它从思考中移开，以使我们自身获得快乐。

164

娱乐。——和那些曾经有过不具危险性的对死亡的考虑的人相比，没有思考过死亡而死亡的人更容易忍受死亡。

165

所有这一切都是人类生活的不幸导致的：人类看到了这一点，所以他们开始转移注意力。

166

娱乐。——人类既然无法同死亡、悲惨、无知相抗争,他们就把娱乐装进脑中,目的是不再去想这些从而获得幸福。

167

尽管有这些不幸,人类仍然希望能够幸福,也渴望能幸福,而并不渴望不幸福。但他该如何使自己幸福呢?为了幸福,他必须使自己永生不死;但没有什么是永生不死的,所以他就避免自己去想死亡。

168

娱乐。——假如人是幸福的,那么他越少被转移注意力就越幸福,就像圣人那样。——是的!然而通过转移注意力得到享受,难道不幸福吗?——不,因为那是来自别处的,是来自外界的,因为它有依赖性,并且可能遭受很多意外的干扰,造成无法避免的痛苦。

169

悲苦。——消遣是唯一能够安慰我们的悲苦的事情。虽然这也成为我们最大的悲哀。因为它极力地阻止我们思考我们自己,并使我们在不知不觉中堕落。没有消遣,我们将陷入厌倦的状态,这种厌倦将激励我们去寻找一种更为有效的方式来逃脱它。消遣让我们快乐,使我们在不知不觉中走向死亡。

170

我们总是不满于现状。我们期待未来,但它似乎来得太慢了,我们想要加速它的进程;或者我们去回想过去,为的是阻止它快速地消逝。我们是如此轻率,竟然在并不属于我们自己的时间里徘徊,却没有想到那唯一属于我们的时间;我们是那样愚蠢,以至于我们总幻想着那些已经消逝的时间,并且轻率地错过了那唯一存在的时间。因为我们现在的情况总是让我们痛苦。我们对它视而不见,因为它让我们烦恼;如果它让我们快乐的话,我们就会对它的消逝感到遗憾。我们努力用未来支撑它,并且我们还想对我们无能为力的事情进行安排,将其安排到我们不确定是否能把握的时间里去。

让每个人都来检查一下自己的想法,他将发现我们几乎从未想到过现在,占据这些想法的是过去和未来。如果我们偶尔想起了现在,也只是要借助它的亮光对未来进行安排罢了。现在永远都不是我们的目的。过去和现在都是我们的手段,唯有未来才是我们的目的。出自蒙田的《文集》第1卷第3章。所以我们永远也没有生活过,但我们希望生活着;而且因为我们总是准备着体验幸福,这就注定我们永远不会幸福。

171

他们说日食和月食预示着灾难,因为不幸很常见。所以,当灾难是这样频繁地发生时,他们经常能猜中它;反之,假如他们说日食和月食预示着好的未来,他们就会常常猜错了。他们认为好的未来只在于那些众天神中稀少的结合,所以他们的猜测常常是准确的。

172

悲痛。——所罗门传说中古代犹太王国的国王，富有智慧，在位期间，大力发展贸易，使犹太达到鼎盛和约伯最知道人类的痛苦，而且也最善于谈论它们。所罗门是最幸福的人，约伯则是最不幸的人。前者通过经验认识到快乐的虚幻，后者根据经验认识到罪恶的现实。

173

我们对自己缺乏了解，以至于有许多身体健康的人认为他们即将死亡，同时也有许多接近死亡的人还以为他们非常健康，没有意识到自己已经病得非常严重，或者没有意识到脓肿即将形成。参见蒙田的《文集》第1卷第19章。

174

三个东家。一个和英国国王、波兰国王和瑞典女王都保持着友好关系的人，他会相信自己在世界上竟找不到一个避难和受保护的地方吗?

175

马克罗比乌斯(古罗马作家,哲学家):谈论被希律王所杀害的无辜的人。希律为犹太国王时,为阻止耶稣长大后成为犹太人的王,差人将伯利恒城里以及四周所有两岁以内的男孩全部杀死了。出自《马太福音》第2章第16节。

176

当奥古斯都听说希律王下令将两岁以内的儿童(包括他自己的儿子)全部杀死时,他说:"做希律王的猪也比做他的儿子好(马克罗比乌斯《农神节》第2卷第4章)。"

177

伟大的人和卑微的人有同样的不幸、同样的悲伤、同样的激情,只是一个处在轮子的边缘,一个接近轮子的中心。因此在同样一种旋转中，接近轮子中心的所受的动荡也就要小一些。

178

我们是这样不幸，以至于我们唯有在事情一旦不顺利就惹恼我们的情况下，才能找到娱乐，我们有无数的事情可以做，并每时每刻都在做。发现好事中的快乐，且不为它的相反的不幸所烦恼，谁要发现了这个秘密，他就击中了要害。而这就是永恒的运动。

179

那些身处不幸之中还总是抱有美好希望并因为好运气而欢欣的人，假如他们不是同样地因为坏运气而痛苦的话，人们就会认为他们是在对不幸的事情幸灾乐祸。他欣喜地因发现了这些希望的借口而喜出望外，目的是展示他们的关心。而看到事情失败后，他们用假装抱有希望来掩饰他们看到事情失败后的那种快乐。

180

当我们因将某些事物放在面前从而看不到悬崖时,我们就会无所顾忌地在悬崖边上奔跑了。

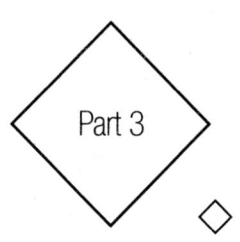

Part 3

在怀疑的时代里

你就应该让自己不辞辛苦地去追求真理,因为假如你未能崇拜真正的真理便死去,对你是有损害的。

181

在所有的对话和讨论中,对于那些被触犯的人,我们一定要能说:"你在抱怨什么呢?"

182

对于那些看不起最渺小的事物,也不相信最伟大的事物的人,应该怎么办呢?该句原文为拉丁文。

183

人类缺少心灵;他们不能和心灵成为朋友。

184

麻木不仁到了鄙视一切有兴趣的事物的地步,而且麻木不仁到了使我们最感兴趣的地步。

185

人类对细微事情的敏感和对重大事情的迟钝麻木,是一种奇怪的倒置。

186

让我们想象有一些人被判了死刑,被镣铐束缚着,他们中每天都有一些人在其他人眼前被处决,那些活下来的人从他们的同伴的处境中看到了他们自身的命运,他们既悲伤又绝望,面面相觑,等待着轮到自己。这就是人类状态的一个缩影。

187

无益的幻想。原文为拉丁文,出自《智慧书》第4章第12节。——为了避免这样的情感的伤害,让我们好像只剩下八个小时的生命那样来行事吧。

188

假如我们应该奉献八个小时的生命,我们也就应该奉献一百年。

189

当我想到我一生的短促时光浸没在以前和以后的永恒之中时,那么我所填充的狭小的空间是能够看到的,而且这狭小的空间最终会融入我所不知道的,也不知道我的无限广阔的空间中,我发现自己处在这里而不是那里,这使我既恐惧又惊奇;因为为什么是在这里而不是在那里,为什么是在这时而不是在那时都是毫无理由的。是谁把我放置在这里的?是谁把我指派到此时此地的呢?对往日客人的回忆。该句原文为拉丁文,出自《智慧书》第5卷第15章。

190

这些无限的空间的永恒沉默让我恐惧。

191

有多少土地并不知道我们的存在啊!

192

我的知识为何是有限的? 我的身体为何也是有限的? 我的生命为何是一百年而不是一千年? 自然为何要让我成为这样? 在那些毫无理由地选择这种努力而不选择那种努力, 也不再做其他努力的无限中, 为何选择了这个数字而不是其他数字?

193

主人喜爱你, 给你恩宠, 你就不再是奴隶了吗? 奴隶啊, 你确实是交了好运。你的主人给你恩宠, 但他很快也会抽打你

暗指这种恩宠是不会长久的。

194

最后的一幕是悲惨的, 尽管剧本中的其他情节都是快乐的。

最后，有一些泥土撒到了我们的头上，这就是永远的结局暗指人的死亡。

195

我们依赖那个和我们同一时代的社会是愚蠢的。我们是这样悲惨，这样无能，他们不会给我们帮助，我们只能孤独地死去。我因而好像我们是孤单的那样去行事，在这种情况下我们还会建造华丽的住宅或是其他东西吗？我们应该不假思索地去追求真理，并且，如果我们拒绝它，就说明相对于对真理的追求，我们更看重别人对我们的评价。

196

不稳定。出自蒙田的《文集》第3卷第12章。——感觉我们所拥有的一切都在消逝，这真是一件可怕的事情。

197

生命是处在我们和天堂或地狱之间的唯一的东西,也是世界上最脆弱的东西。

198

不正义。——那种认为推论必须与中立联系在一起的,是极度的不正义。

199

害怕没有危险的死,而不是在危险之中死去,因为人就是人。

200

一个继承人发现了自己家的地契,难道他会说"它们可能是假的",而不去对它们加以证实吗?

201

那些从未讨论过灵魂不死的哲学家们的谬误。蒙田书中关于他们的二难推理的谬误。相关内容见蒙田的《文集》第2卷第12章。

202

他们反对复活,反对处女生子,都会说些什么呢?生一个人或一只动物和使之再生,哪一个更困难呢?假如他们什么物种的动物都未曾见过的话,他们是不是会猜测这些动物是无须双方的交配便能生出来的呢?

203

无限的运动,充满了所有的点,静止的瞬间;不具有数量的无限,是不可分割的,是无限的。作者在其著作《几何学精神》中曾说:无限小的质点可以以无限大的速度运动,并充满一切空间。

204

他们看到了事物,却并未看到原因。原文为拉丁文,奥古斯丁论西塞罗的话。

205

根据机会原则,你就应该让自己不辞辛苦地去追求真理,因为假如你未能崇拜真正的真理便死去,对你是有损害的。——你说:"但是,如果他希望我崇拜他,他就会给我他的意志的标志。"——他已经这样做过了,但却被你忽略了。因此,努力寻找它们吧,这是非常值得的。

206

机会。——根据下面这些不同的假设,我们生活在世界上必定有差异:(1)我们能一直生存在世界上;(2)能确定我们不能永远地生存在世界上,但不能确定我们能否在世上生存一个小时。我们的状态是后一种假设。

207

既然除了确实的烦恼外,十年(因为十年是一个机会)的自爱心尽力在讨好别人但并不成功,那么你还能给我什么承诺呢?

208

反驳。——那些希望得到拯救的人是这样幸福。但与之相抗衡的是,他们同样有着对地狱的恐惧。

抗辩。——那些对地狱是否存在一无所知并且如果地狱存在就一定会受到惩罚的人,和那确实相信地狱存在并且如果地狱存在希望能得救的人,谁才更有理由恐惧地狱呢?

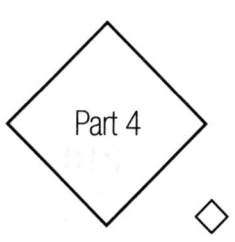

Part 4

相信你所相信的

让你相信的,应该是那些你自己赞同的,那些让你的理智持续不断的声音,而不是别人的。好好地去否定、去信仰、去怀疑。

209

把人的希望寄托于仪式,就是迷信;但不愿意受仪式的制约,就是高傲了。

210

两种极端:排斥理智,只承认理智。

211

他们把自己藏进印刷品里,并且请数字来帮他们的忙。混乱。

权威。——不能把道听途说的事情作为你相信事物的准则,除非你能把自己放在就像你从未听说过这件事情的那种状态,否则你不应该相信任何事情。

让你相信的,应该是那些你自己赞同的,那些让你的理智持续不断的声音,而不是别人的。

信仰是如此重要!千百种矛盾都有可能是真实的_{意即保持没有}

信仰的准则，那些矛盾着的事物就可能同时合理地存在，信仰的准则假如是古老，那么古人岂不是没有准则了吗？假如是普遍的认同中世纪经院学派认为普遍的认同就是真理的标准；那么如果人类灭绝了呢？

虚伪的谦虚意即不加判断，盲目地认同别人的判断就是骄傲。

掀开这层幕布吧。信仰、否认、怀疑，如果你必须是其中一种的话，你的努力就都白费了。那我们就没有准则了吗？我们能评判动物，说它们做得很好，难道没有准则可以评判人类了吗？

好好地去否定、去信仰、去怀疑。这些对于人类，就像奔跑对于马儿一样。

惩罚犯罪的人，是错误的。

212

那些不爱真理的人所找的借口尚有争议，还有许多人否定它。所以，他们的错误，仅仅在于他们不热爱真理，也不喜欢慈善。因此他们是不能被原谅的。

213

有人说:"奇迹会让我的信仰更加坚定。"他这样说,是在他没有看到奇迹的时候。理智,从远处看,好像限制了我们的视野;但它们一旦走近,我们就开始看得更远了。没有什么事情可以阻止我们精神的灵敏。我们可以说,没有任何准则是没有例外的,没有任何真理如此普遍,竟没有哪个方面会失效。只要它并非绝对普遍,给我们对当前的条件运用例外的借口,并且说:"它并不常常是真的,因此有些情况就并不是这样。"这样就够了。还需指出的是,这是它们的一种本质;如果有一天我们没有发现例外,我们会感到非常尴尬或不幸,这便是原因。

214

我们不会因每天都要吃饭和睡觉而觉得厌倦,因为饥饿和困倦是反复发生的。如若不然,我们就会对它们感到厌倦。因此,没有对精神事物的渴求,我们就会厌倦它们。

215

信仰的确是说了感官没说的话,但不是和感官所感觉的相反,而是超越了它们。

216

承认有超乎理智的事物的无限性存在,是理智的最后一步。假如它没认识到这一点,它就只能是脆弱的。但假如自然之物是超乎理智的,那么我们又该对超自然的现象说什么呢?

217

顺从。——我们必须知道什么地方是该怀疑的,什么地方是该肯定的,什么地方是该顺从的。不这样做,就不能了解理智的力量。有些人反对这三条原则,要么肯定一切都是可证的,因为不认识何谓证明;要么怀疑一切,因为不知道哪里该顺从;要么顺从一切,因为不知道哪里是我们必须做判断的。

218

圣奥古斯丁。——如果理智无法判断某些场合它是否必须顺从,它就从来不会顺从。那么当它断定它应该顺从时,它顺从就是正确的,而且当它断定它不应该顺从时,它就不会顺从。

相关内容见圣奥古斯丁的《书信集》第120书第3节。

219

智慧把我们带回到童年,如果不变成小孩子的模样的话。原文为拉丁文,出自《马太福音》第18章第3节。

220

这种对理智的否定是最符合理智的。

221

我们任何理性的推理本身都是屈服于感觉的。

然而虚幻与感觉虽然相反但又是相似的,从而使我们不能区别两者的相反性。有人说我的幻觉是感觉,另一个人说我的感觉是幻觉。我们一定要有一个标准。理智就将自己提供出来,但所有感官都能影响它,所以就没有标准了。

222

罗安奈_{作者的一个朋友}说:"对我来说,理智是事后才出现的,一开始是一件事情使我愉悦或刺激了我,但却不知道是什么原因,然而它刺激我是因为我后来才发现的那种原因。"但我相信,并不是我事后才发现的原因震撼我,而是这些原因震撼了我才被我发现。

223

心灵、直觉、原理。

Part 5

遵循正义

遵循正义，这是应当的；而服从权力，也是必要的。没有权力，正义就是无力的；没有正义，权力就是暴政。

224

在《论不正义》这封信中,出现了"前人已获得了一切"这种极端荒唐可笑的原则。"我的朋友,你在山的这一边出生,所以你的前人已经拥有的一切便是公正的。"

"你为什么杀我?"

225

他在水的另一边生活。

226

"你为什么杀我?为什么!你不是在水的另一边生活吗?如果你在山的这一边生活,我的朋友,我应该就是凶手,而且用这样的方式杀害你的行为就是不正义的。但你既然在水的另一边生活,所以我就成了英雄,我这样做就是正义的。"

227

人类企图统治世界的那种天性的基础是什么呢？<small>该句出自《文集》第2卷第12章。</small>依据的是每个人一时的幻想吗？那该多么混乱！依据的是正义吗？人类对它一无所知。

当然，如果他了解正义，他就不会确立这样一条在人类中最普遍存在的准则了，即每个人都应该按照本国的习俗<small>即风土习俗</small>行事。真正公正的光辉将会使任何一个国家臣服，而立法者也不会以波斯人或德国人的幻想和一时兴起为典范，来取代那种永恒不变的正义了。我们将会看见正义根植于地球上的所有国度和所有时代，不会看见正义或不正义因气候变化而改变其性质。纬度上的三度之差便可以颠倒所有的法理，一条子午线决定了真理。基本法实行几年以后就变了；权力有它自身的期限；土星进入狮子座，就标志着某一种罪行的开始。以一条河流为界的正义是多么奇怪！在比利牛斯山脉<small>位于欧洲西南部，是法国和西班牙的边界</small>这一边是真理的，到了另一边却成了谬误的。

人类承认这些习俗并不是由正义组成的，然而正义存在于自然法则之中，适用于所有的国家。如果那散播人类法律的莽撞的机会，碰巧有一条是带着普遍性的，他们就顽固地要坚持这一条了。但滑稽的是，人类的一时兴起竟有这样多的很难预测的变化，以至于这种法律根本就不存在。

偷窃、乱伦、杀婴、弑父，这些在有德行的行为中都有其地位。"因为他在水的另一边生活，虽然我和他并没有任何争执，但他的君主与我的君主不和，所以他有权杀害我。"还有比这更荒谬的事情吗？

自然法则是存在的，这一点毫无疑问，但好的动机如果腐化就将腐蚀一切。我们所称之为我们自己的东西都是人为的，没有什么是我们自己的。该句原文为拉丁文，出自蒙田的《文集》第2卷第12章。而人们犯罪是因为元老院和人们。原文为拉丁文，出自蒙田的《文集》第3卷第1章。从前我们受罪恶之苦，如今我们受法律之苦。原文为拉丁文，出自蒙田的《文集》第3卷第13章。

这种混乱的结果是，有些人认为立法者的权威就是正义的本质该观点出柏拉图的《国家篇》第1卷，有些人认为统治者的利益就是正义的本质柏拉图的《国家篇》中的特拉西玛库斯认为，除了统治者的利益之外，没有别的权利，还有人认为现成的习俗就是正义的本质出自蒙田的《文集》第3卷第13章，这是最确切的。

按照唯一的动机来说，不存在什么本身就是正义的东西，一切都随着时间的变化而改变。只是因为被人类接受，习俗才形成了全部的公正。它的权威的奥秘就在于此 出自蒙田的《文集》第3卷第13章，无论是谁，只要把它拉回到最初的原则，便消灭了它。那些纠正错误的法律是最为错误的。那些因为它们是正义的而去服从它们的人，只是在服从想象中的公正，而非法律本质的正义；法律完全是自我包含的，它只是法律，而不是别的什么东西。如果有人检验法律的动机，就会发现它是那样脆弱和琐碎，以至于假如他不习惯去思考人类想象力的神奇，他就会惊叹一个世纪的时间竟然让它拥有了这样多的夸耀和敬意。动摇已经建立的习俗，对它们寻根究底，指出它们权威和正义的缺陷，这些便是攻击和颠覆的艺术。

据说，我们应该回到国家的自然和基础的大法——那不正义的习俗已经废止了——中去。这一定是一场会丧失所有的赌博，在天平上，没有什么会是公正的。然而人们却乐于听信这些争议。一旦认识到了枷锁，他们就会马上摆脱它；而有些人就会——因为人们的摧毁，以及人们对已接受的习俗怀着好奇心去调查而摧毁了旧有的习俗——大获利益。

但根据一个相反的错误来看，人类有时会觉得自己能够公正地处理所有事情，这有很多例子。这就是为什么有一位最明智的立法者会说：为了人们好，我们就必须欺骗他们。见柏拉图的《国家篇》第2卷和第5卷。另一位优秀的政治家说：既然一个人对于那种可以解放他的真理并不理解，那就最好让他受骗。原文为拉丁文，出自奥古斯丁《天城论》第4卷第27章。我们必定看不到篡位的真理。法律一度被提倡是没有丝毫动机的，因此变得通情达理。我们必须把它当作权威的、永恒的，并且将它的起源隐藏起来，如果我们不希望它很快就毁灭的话。

228

你的、我的。——这些穷人的孩子们说："这条狗是我的。太阳下的这块地方是我的。"这便是地球上篡夺的起源和缩影。卢梭在《论人类不平等的起源与基础》第二部分中说：谁首先把一块土地圈起来并想到说"这是我的"，并使一些头脑简单的人相信了他的话，谁就是文明社会的真正奠基者。假如有人将木桩拔除或者将沟壕填平，并向他的同伴大声疾呼："不要听信这个骗子的话，如果你们忘记土地上的果实是大家共有的，土地是不属于任何人的，那你们就要遭殃了！"

229

当思考的问题是我们是否应该挑起战争并杀死那么多人的时候——判处那么多的西班牙人死刑时——只有一个人是法官,而且他还是一个有利害关系的人。法官原本应该是一个没有利害关系的第三者。

230

真正的法律。参见西塞罗的《论职守》第3卷第17章。我们已经没有这种东西了。如果我们有,我们就不应该认为遵从国家的道德习俗是正义的事情。正是在找不到正义的地方,我们找到了暴力,等等。

231

强势,正义。——遵守那些正义的东西,这是正确的;顺从那些很强大的东西,这是必要的。正义没有权力便会无助,权力没有正义便是专制。没有权力的公正会被否认,因为总是有破坏者存在；没有正义的权力会被人指控。所以，我们必须把正义和权力结合起来，这样，就使正义强有力，使强有力的东西更正义。

正义是有争议的，权力却更容易被承认和接受。因此，我们不能把权力赋予正义，因为权力会对正义予以否定，并说它自己就是正义。如此一来，我们便不能使正义更强有力，反倒只是使强有力的成为正义罢了。

232

唯一普遍的准则，就是在普通的事件中有国家的法律，在其他事件中取决于多数。这样的结论是从哪里得出的呢？就是得自其中所具有的权力。所以，具有一种特殊性质的权力的国王，也就不听从他的大臣中的多数了。

毫无疑问，财富的平等是公正的。然而，人们无法让强权去服从正义，只能让正义服从强权。人们既然不能捍卫正义，于是就只能使强权正义化。为的是让正义和强权结合在一起，从而得到所谓至善的和平。

233

"当一个全副武装的强者保护自己的财产时,他的财产是安全的。"出自《路迦福音》第11章第21节。

234

我们为何要遵从大多数呢?是因为他们更合理吗?不是的,只是因为他们更强势。

我们为何要遵从古老的法律和意见呢?是因为他们更正确吗?不是的,只是因为它们是独一无二的,可以消除我们之间分歧的根源。

235

……这是强势而非习俗的效果。因为那些有创造能力的人是罕见的;大多数人都只能跟从别人的意见,并且拒绝把荣誉给予那些创造者——他们以自己的发明来追求荣誉。如果有创造者坚持要获得荣誉,并轻视那些没有创造能力的人,后者就会给他们冠以种种可笑的称谓，并且打他们一顿。因此，但愿人们不要以聪明自诩，或者但愿他能知足。

236

强势是世界的统治者，而不是意见。——但意见会利用强势。——是强势制造了意见。亲切在我们的观念中是美好的。为什么？因为那想要在绳索上跳舞的人是孤独的参见爱比克泰德《论文集》第3卷第12章，而我却可以聚集一帮乌合之众来说它不好看。

237

维系人们彼此尊敬的绳索，一般说来是必需的。因为没有人不希望统治别人，但又并非所有人都能做得到，只有某些人才可以，所以就会有不同的级别。

那么，让我们来想象一下我们的社会是如何构建的。人们无疑会互相争斗，直到部分强者战胜了弱者，于是便确立了统治的一方。这一点一旦确定，统治者便不希望再有纷争了，便规定他们手中的权力要按他们的意愿传承下去。有的是把它付之于人们的选举,有的则付之于世袭的延续,等等。

想象力正是在这点上开始扮演它的角色。从古到今,都是强势在制造事实;现在则是强势被想象力固定在了某一方,在法国是在贵族中,在瑞士则是在平民中,等等。

这些维系人类个别个体的彼此尊重的绳索,其实是想象力的绳索。

238

瑞士人当被人称为贵族时,会觉得受到了侵犯,他们要证明自己是真正的平民,为的是让人认为他们有担任要职的资格。

239

因为强势统治着一切,它们随时随地都在,所以王公贵族和达官显贵都是实在的 _{"实在的"指具有真实的权力,和"想象的强势"} 相对 和必要的。但既然只是幻想才使一个人成为统治者,所以原则就不是不变的,它很容易变化无常,等等。

240

大臣们优雅严肃，又衣着华丽，因为他们的地位是不真实的。国王却不是这样，他有权力，不用依靠想象力。而法官、医生等，都仅是想象力而已。

241

我们总是看到国王们身边有着卫兵、鼓乐、官员，以及各种机械式的能引起尊敬和畏惧的随身附属品，这种习惯使他们的面容——即便有时只看到他们本人而没有这些扈从——极具威严，使他们的臣民心生尊敬与畏惧；因为我们在思想上无法将他们本人和我们经常看到的与他们相联系的周围环境分离。世人相信这种作用是出自一种天然的力量，而不知道它是习惯的效果，从而有"他的面容表现着神性的特征"这样的话，等等。

242

正义。——正如习俗决定了令人赞同的事*作者曾说过，习俗本*

身以及国度就已经规定了我们所谓的同意,它同样也决定了正义。

243

国王与暴君。——我也要将我的想法隐藏。

我将小心翼翼地对待每次旅程。

创立的伟大,尊重创立。

伟人的愿望是有使人民幸福的能力。

富足的财产才能慷慨地施舍。

每种事物的价值都需要被探求。有能力去保护是权力的价值。

当暴力攻击了一个苦难的人时,当一个私人卫兵摘下首席法官的方帽子并将它扔到窗外时。这句话意指权力超出了正当的范围。

244

在意见和想象力基础上建立起的国家能统治若干个时期,这个国家充满生气,并且是自愿的;而在强势之上建立起的国家却能永远地统治下去。这样,意见就是世界的女王,而强势就是世界的暴君。

245

正义就是那些已确立的东西。因此，我们确立的所有法律就无须通过检测而被认为是公义的，只要它们被确立了。

246

人们的正确意见。——内战是最大的灾难。参见蒙田的《文集》第3卷第12章。假如我们要论功行赏的话，内战就是无法避免的。因为所有人都会说自己应该受到奖赏。我们必定会害怕这样一种灾难：一个傻瓜根据出生权利而继承了王位。然而这种灾难还不是很糟糕，也不那么绝对。

247

效果的动机。——这是一件非常好的事：人类并不要我尊敬一位身穿绫罗绸缎，有七八个侍从相随的人。为什么？如果我没有给他行礼，他会毒打我一顿。这种习俗就是暴力。正如一匹马装备得比另一匹马更好一样！蒙田竟没有看到这里的不同，居然赞叹我们发现了这一点，还追问了原因，真是愚笨。

他说："的确，为什么出现它……"蒙田的《文集》第1卷第42章："谈到对人的估价时，最奇怪的是，除了我们自己，并没有什么是不按其自身的品质加以估价的。我们称赞一匹马的力量和速度而不是它的鞍，称赞一条猎狗的敏捷而不是它的颈圈，称赞一头鹰的翅膀而不是它的系脚带和铃铛。那为什么我们并不根据人而估价人呢？……有那么大的威望，有那么多的收入，而这一切都在他的身外而不在他的自身之内。"

248

人们的正确意见。——打扮得整洁漂亮并非全都是可笑的，因为它至少证明许多人在为自己工作。他用他的发型来显示他有用人、香水匠等，他用他的条纹花边来显示他有丝带、饰品等。它不单是肤浅，也不单是表面地显示他有许多的人手可以命令。参见蒙田的《文集》第1卷第42章。一个人的侍从越多，他就越强势。精心打扮就是在显示他的力量。

249

尊重也就是说："给你添麻烦了。"这明显是多余的，但却是非常正确的。因为这就是说："我其实是在麻烦我自己，如果你需要的话。虽然它对你没用,我仍要这样做。"尊重还能起到辨别伟人的作用。如果尊重可以通过坐在扶手椅上实现的话,我们就要向所有人表示尊重了,这样也就没有任何区别了;但既然它让我们觉得麻烦,我们就能很好地辨别它。

250

他有四名侍从。

251

我们辨别人时依据的是外在的表现而非内在的品质,这样做是多么恰当啊。我们两个人谁有优先权呢?谁应该让步呢?谁最不聪明呢?然而,我和他同样聪明。我们将在这些问题上争执不休。他有四名侍从,而我只有一名。这是可以看到的,我们只要数一数就能知道。于是需要让步的就是我。假如我仍要争论,那我就是笨蛋了。我们用这样的方式和平共处,这便是最大的快乐。

252

　　世界上最没道理的事,能够由于人们的不守规则而变得合情合理。恐怕没有比选择一位王后的长子来统治国家更没道理的事了吧?我们是不会选择一位出身最好的乘客来当船长的。

　　这种法则不仅荒谬可笑,而且不公正;但由于人就是这样,而且总是这样,所以就变成合乎情理而又公正的了。因为人们要选择谁呢?是最有德行、最有能力的人吗?每个人都认为自己是最有德行且最能干的,所以我们会马上大打出手。那么,就让我们把这品质附加在某些无可争辩的东西上吧。这是国王的长子,这是非常明白、没有争议的。理智不能做得更好了,因为内战是最大的灾难。

253

　　看到自己的伙伴受人尊敬,孩子们十分惊讶。

254

　　贵族的身份有很大的优势。它让一个人在年满18岁后便进入上流社会，被人认可，被人尊敬，就像别人却要到50岁之后才配得上的那样。这样他就不费吹灰之力地赚到了30多年。

255

什么是自我？假设一个人临窗站立，眺望路过的行人。如果我刚好经过这里，我能说他站在那儿是为了看我吗？不能，因为他并未特别想看到我。但是，由于某个女人美丽而爱她的那个人，是真的爱她吗？不是的，因为天花——可以破坏美丽但又不使人死亡——就可以使他不再爱她。

而且假如有人因为我的判断、我的记忆而爱我，那他并不是真的爱我，因为我可以失去这些品质而不丧失自我。如果这个自我没在身体中，也不在灵魂中，那么，它在哪里呢？因为这些品质会消失，所以它们并不能构成自我，但如果没有了这些品质，我们该怎样去爱我们的身体或灵魂呢？因为不管一个人的灵魂里有什么样的品质，我们都去爱他抽象的灵魂是不可能的，也是不公正的。所以，我们从来都不是在爱一个人，而只是爱他的某些品质而已。

那么，对于那些因地位和职位而受人尊敬的人，我们就不要加以嘲笑了。因为我们之所以爱一个人，只是因为那假借的品质罢了。

256

人们有着特别正确的意见，例如：

1.宁愿选择消遣、狩猎，也不选择诗。那一知半解的学者们对此加以嘲笑，并且洋洋自得地处于世间的愚人之上。但由于一个人们无法完全了解的原因，人们却是正确的。

2.用外在的标志来辨别人，如出身或财富。世人们再次高兴地指出这一点是多么没有道理，但这一点却又是特别有道理的。嘲笑年幼国王的人都是野蛮的人。蒙田的《文集》第1卷第30章中说："(野蛮人)到了卢昂，恰好当时的法国国王查理九世也在那里。国王和他们进行了长时间的谈话。"

3.受到侵犯就挥出拳头，那样地重视荣耀。但因为还有与之相结合的其他必需的好东西，所以它是很值得向往的。一个人被打击却不因此怀恨，那就是一个被辱骂和轻视压垮了的人。

4.努力追求不确定的事情；要在海中航行，要在冲浪板上行走。

257

　　蒙田错了。只因为习俗是习俗，人们才遵守它，却并非因为它是合理的或公正的。然而人们却仅仅因为相信它是正义的而遵守它。否则，即便它是习俗，人们都不会遵守。因为人们只听从理智或正义。缺少了这些东西，习俗就成了专制。但理智和正义的王国并不比欢乐的王国更专制。对人类而言，它们都是自然的原则。

　　法律和习俗是准则，所以遵守它们是正确的。但是我们应该明白，在这其中并没有引入任何的真理和正义，对这些我们什么也不知道，所以我们必须遵守那几乎为人所接受的习俗。用这种方法，我们永远不会和它们分离。然而人们无法接受这样的说教。并且，既然他们认为真理是可以被发现的，并且存在于法律和习俗之中，所以，他们相信法律和习俗，因它们的古老性而将它们当作真理，而不仅仅是不具有真理的权威的证据。所以，他们遵守法律，但如果这些法律被证明是毫无价值的，他们就有背叛它们的可能。从某个角度来看，这一切都能被察觉到。

258

不正义。——对人们说法律是不公正的是危险的。因为人们之所以遵守它,就是因为认为它是公正的。因此,有必要同时告诉他们,他们必须遵守它,因为它是准则,就和他们必须服从长辈,只是因为长辈是长辈,而并非因为长辈是公正的一样。如果公正能很好地为人所理解,并且使人明白什么是公正的确切的定义,那么,用这样的方法就能防止所有的暴动。

259

世人对各种事物都有一个非常好的判断,因为他们处在一种天生的无知之中,而这便是人的真实状态。参见蒙田的《文集》第1卷第54章。科学研究中有两个相互接触的极端:一个是所有人都发现自己生来就是纯粹自然无知的。另一个是伟人们所到达的极端,人类所能知道的一切他们都经历了,最终发现自己什么也不知道,于是便回到了他们出发时的那种同样的无知。但这种无知意识到了他自身的博学。那些处于这两者之间的人,脱离了天然的无知却又不能到达另一个极端,这种高傲的知识他们也得到了一些，便假装是智者。这些人扰乱了世界，对所有事物都不能很好地判断。普通人和智者构成了世界，这些人却藐视世界，世界也藐视他们。他们对任何事情都不能很好地判断，而世人却能很好地判断他们。

260

效果的原因。——从同意到反对的不断变化。

我们已经证明了人是愚蠢的，依据的是人们对那无意义的事物所做的评价。但所有这些观点都被推翻了。接下来，我们又证明了这些观点都是特别正确的，但既然所有的这些虚假都能找到很好的根据，那么人们就不像所说的那么愚蠢了。这样我们又将那种推翻了人们的观点的观点推翻了。

但现在我们必须将这个最后的命题推翻，为的是说明"人们是愚蠢的"这一说法仍然是正确的，虽然他们的观点是充分的。因为他们并未在真理所在的地方认识到真理，而是将真理放在了它所不在的地方，所以他们的意见常常是非常错误和非常不健全的。

261

效果的原因。——有这么多的东西被我们认为是美好的，原因就在于人类的脆弱性，就像弹琵琶，而不善于弹琵琶是坏事，它之所以只是一件坏事，就是由于我们的脆弱。

262

国王的权力是以人民的理智和愚蠢为基础的，尤其是以人民的愚蠢为基础。世界上最伟大、最重要的事情竟是以脆弱为基础的，而这个基础又确凿无疑是令人惊讶的。因为没有什么比人类永远是脆弱的这一点更加确定的了。那以充分的理智为基础的事物却是异常薄弱的，比如对于智慧的评价。

263

我们所能想到的只是柏拉图和亚里士多德穿着学究式的宽大袍子。他们是忠厚的人，而且也像其他人一样同自己的朋友欢笑，他们是在娱乐中写出他们的《法律篇》和《政治学》作为消遣的。这是他们一生中最不哲学的部分，也是最不严肃的部分；单纯的、宁静的生活是最哲学的部分。假如他们写的关乎政治，那便像是在给疯癫的人制定规则；假如他们装作是在谈论一件伟大的事情，那是因为他们知道听他们讲话的那些疯子都以为自己是国王或君主。他们投入自己的原则中，为的是尽量将这些疯狂降低到无害的程度。

264

暴政在于渴求获得普遍的、超出它自身范围的统治权。

强势、公平、明智、虔诚，各有其活动范围，都只在自己管辖的场所中活动，而不在其他地方。有时它们会碰到一起，强势和公平就为了看谁是主宰而愚蠢地争斗，因为它们的主宰权是属于不同种类的。它们并不了解彼此，它们的错误在于企图统治所有的地方。但这点是无法做到的，即便是权力本身也无法做到（它在智者的王国中没有丝毫用处），它只不过是外在的行动的霸主罢了。

暴政。——因此这些表达就是错误的、专横的："我是公平的，所以必须害怕我。我是强势的，因此必须喜爱我。我是……"

暴政就是希望用一种方式得到我们需要用另一种方式才能得到的东西。对各种不同的报酬我们应尽不同的义务：对快乐要尽爱的义务，对强势要尽畏惧的义务，对博学要尽信任的义务。

我们必须尽这些义务。拒绝这些义务是不公平的，要求其他的也是不公平的。所以，"他不强势，所以我不需要尊重他；他没有能力，所以我不需要惧怕他"这样的话是错误的、专横的。

265

难道你从来没有见过这样一些人，为了抱怨你对他们的漠视，就给你列举了许多有地位的人都是尊重他们的？对此，我在给他们的回答中反击他们："给我展现一下这些有地位的人尊重你的地方吧，那么我也会同样尊重你们。"

266

效果的原因。——欲望和强势是我们一切行为的根源：欲望引起了自愿的行动，强势引起了不自愿的行动。

267

效果的原因。——那么，所有的世人都处于妄想中这一说法就是正确的。因此，虽然人们的意见是正确的，但在他们的构想中的意见却是不正确的，因为他们认为的真理并不在真理所在的地方。真理的确是在他们的意见中，但却并不在他们设想的那一点上。（因此）我们应该尊重贵族，但并非因为他们的出身是真正优越的，等等。

268

效果的原因。——我们必须将我们的想法隐藏，并用它对所有的一切进行判断，但同时却要说得和别人一样。

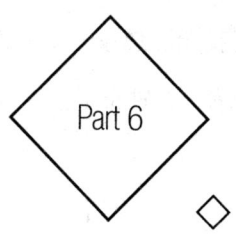

Part 6

我们所有的尊严在于思想

人因思想而伟大,因为空间,宇宙包含并湮没了我,使我像一个原子;而思想,使我了解了整个宇宙。

269

我可以想象一个人没有手、脚、头（因为经验让我们知道头比脚更重要）。但我无法想象一个人没有思想。那他就不是人，而是一块石头或者一头牲畜了。

270

与所有动物的行动相比，数学机器所处理的结论更接近思想。但它却做不出能够使我们把意志归属于它的任何事情，就如动物一样。这段话说的是理智与意志的区别，并不是动物也有意志。

271

梁库尔的长矛和青蛙的故事。故事的细节已不可考，大意是说梁库尔公爵原本生活放荡，后来被妻子感化，皈依了宗教。它们一直都这样，从来没有发生过改变，也没有任何显示精神的东西。

272

如果一只动物能把用本能做的事改为用精神去做,如果它能用精神把它本能会说的话说出来,那么,在狩猎中,它就能向同伴发出"猎物已经找到或者丢失"的警告,它也能把那些它喜好的东西切实地说出来,例如:"咬断我够不着的这条束缚我的绳子。"

273

鹦鹉的嘴虽然很干净,但它总是在抹。

274

两种天性的象征就是本能和理智。

275

统治命令我们,远没有理智专横。因为不遵从统治者,我们是不幸的,而不遵从理智,我们就是蠢笨的。人们总是宁愿被看作不幸的，也不愿意被认为是愚蠢的。因为不幸源自外因，而愚蠢则是由我们自身导致的。

276

人因思想而伟大。

277

人是自然界中最脆弱的东西，譬如一根芦苇；但这是一根有思想的芦苇。要想粉碎他，并不需要整个宇宙都武装起来。

一团雾、一滴水就足以置他于死地。但，就算宇宙把他粉碎了，与使他致命的东西比起来，人类仍然高贵得多，因为他不仅知道自己会死亡，还知道宇宙比他更有优势，而宇宙对这些却一无所知。

所以，思想组成了我们的全部尊严。正是因为它，而不是因为那些我们无法填充的时空，我们必须提高我们自己。那么，让我们努力去好好地思考吧，德行的原则就在于此。

278

一根能思考的芦苇。——我必须从我对思想的支配去追求我的尊严,而不是从空间。就算我拥有全世界也没有用。因为空间,宇宙包含并湮没了我,使我像一个原子;而思想,使我了解了整个宇宙。

279

灵魂具有非物质性。——哲学家<small>这里指斯多葛派</small>支配他们自己的感情。没有任何一种物质能做到这点。

280

斯多葛派。——他们总结说,我们总是能完成那些我们曾经完成过的事情,而且,既然那些拥有荣耀的人已经得到了对荣耀渴望的某些能力了,那么其他人也能做到。但健康是无法模仿这种狂热的行动的。

281

那些灵魂偶尔尝试的伟大的精神努力,都是它控制不了的东西。它只是突然跳跃到它们之上,仅仅是一瞬间而已,而不是长久地坐在宝座上。参见蒙田的《文集》第2卷第29章。

282

不应该以一个人的努力来衡量他德行的力量,而应该以他的日常生活来衡量。

283

对于过度的德行,如过度的勇敢,我并不赞赏,除非我同时也看到了与此相反的过度的德行,如同伊巴米农达斯参见蒙田的《文集》第2卷第36章那样既是最勇敢的又是最仁慈的。不然,那不会提高,只会堕落。我们表现伟大不应是走向极端,而是同时碰触到两端并且将介于两端之间的全部空间都充满。但也许这只是灵魂在两端之间的一个瞬间运动,而事实上它就像火把一样,一直在一点上。就算是这样,即便它没有展现灵魂的广度,但这至少表明了灵魂有多么敏捷。

284

人类的本性是有进有退的,而并不总是前进的。

温度有冷热之别。冷和热都证明了燃烧着的温度有多么伟大。

人类的发明创造从一个世纪到另一个世纪都是一样的。通常来说,世界上的仁慈和恶意没有不同。而变化一般都会使大人物高兴。原文为拉丁文,出自贺拉斯的《颂歌集》第3部第29章第13节。

285

人会对重复不断的雄辩感到厌倦。

国王和诸侯们并不总是坐在宝座上,有时他们也会游戏。他们甚至厌倦宝座。伟大要想被重视,先要被遗弃。任何事情连续不断都是令人讨厌的。当我们总是感觉热的时候,冷就是令人喜爱的。

自然根据进展在行动,时进时退。原文为拉丁文。它先进后退，然后进得更远，再加倍地后退，接着又比之前进得更远，如此反复。

海潮和太阳的运动都是如此。

286

身体的营养是慢慢积累的。少量的食物和充足的营养。布伦士维格曾说，吃得太多了，就难以消化，点滴地积累才能真正进步。

287

当我们追求德行到了它们的某个极端，就会出现罪行，它们不知不觉地沿着无限小的事物的微窄的道路潜伏进来。然后再沿着无限大的事物的拥挤的道路大量地显现出来，使我们陷入罪行中再也无法看见德行。我们在完美中犯错。

288

人非天使，也非禽兽，不幸的是想做天使的人却做了禽兽。

参见蒙田的《文集》第3卷第13章。

289

我们用以维持德行的不是我们自己的力量,而是两种相反的罪行,我们用它们加以平衡,就像我们在两股相反的强风中保持直立一样。一旦移开其中任何一种罪行,我们都会陷入另一种罪行中。参见拉·罗煦福高的《箴言集》第10节。

290

斯多葛派的目标是如此困难和可笑!

斯多葛派拟定说,所有那些智慧低下的人,就像那些沉到水下两英寸1英寸≈2.54厘米的人一样,都是蠢笨和充满罪恶的。

291

至善。关于至善的争论。——为了能够因你自己感到满足以及源于你自己的美好。原文为拉丁文,该观点出自塞涅卡,参见蒙田的《文集》第2卷第3章。这里有一个矛盾,因为最后他们劝人结束自己的生命。啊!多么美好的生命,而我们却要如同摆脱一场瘟疫一样去摆脱它。

292

是元老院和人们……

要求与此雷同的引言。

293

罪恶是元老院和人们造成的。（塞涅卡，第588页）原文为拉丁文，参见塞涅卡的《致鲁西里乌斯集》第15卷。没有什么是如此荒谬，乃至无法被某一位哲学家谈及。（《论神明》）原文为拉丁文，参见西塞罗的《论神明》第2卷第58章。

投身于成见的人，就必须为他们所不能证明的东西辩护。（西塞罗）原文为拉丁文，参见西塞罗的《托斯库兰论》第2卷第2章。

我们在文学上也会操劳过度，就像在一切事物上一样。（塞涅卡）原文为拉丁文，参见塞涅卡的《书信集》第106卷。

对每一个人最好的东西，就是对他最合适的东西。原文为拉丁文，参见西塞罗的《论职守》第1卷第31章。

他们首先从自然中得到的就是这些界限。（《高尔吉克》）原文为拉丁文，参见维吉尔的《高尔吉克》第2篇第20章。

美好的心性无须读大量的著作。原文为拉丁文，参见塞涅卡的《书信集》第106卷。

一件并不可耻的事情，如果受到了群众的赞扬，就不免会变得可耻。原文为拉丁文。

你可以做你想做的事情，因为这只是我的习惯。（戴伦斯）原文为拉丁文，参见戴伦斯的《自苦者》第1幕第1场第28行。

294

一个人能对自己予以充分的尊重，是非常罕有的。

众神都围绕着一个人骚动。参见塞涅卡的《劝诫书》第1卷第4章。

还不认识就先肯定是最可耻的事情。（西塞罗）参见西塞罗的《论学院派》第1卷第45章。

我不像他们那样，以承认不懂得自己所不懂的东西为耻。参见西塞罗的《托斯库兰论》第1卷第25章。

最好不要开始。参见塞涅卡的《书信集》第72篇。

295

　　思想是人类全部尊严的来源。所以,思想由于自身的本质成了一种令人惊叹的、不可思议的东西。它必须要有奇怪的缺点才会被人藐视。不过它确实有这样的缺点,因此这就是最可笑的了。它的本质是多么伟大!它的缺点是多么卑贱!

　　然而,这种思想是什么?它是多么愚蠢啊!

296

　　这位世界上最崇高的法官的精神达不到高度独立,所以会受到身边噪音的干扰。要想阻挠他的思想,并不需要大炮的喧闹,只需要一个风标或滑轮的嘎吱声。要是他此时推理得并不好,你也无须惊讶,可能恰好有一只苍蝇在他的耳边嗡嗡作响,即便如此细微的声音也足以使他无法很好地做出判断。如果你想让他获得真理,就把那只阻碍了他的理智并干扰了那统治着许多城市和王国的强大智慧的苍蝇赶走。

297

苍蝇的威力；它们能赢得战争的胜利，能吃掉我们的肉体，能阻碍我们灵魂的行动。

298

不过有人这里指笛卡儿说光只是我们感觉到的反射作用，热只是某些分子的运动。这令我们非常吃惊。什么！我们给快乐构想出如此不同的一个概念，难道它仅是我们精神的芭蕾？而且这些感觉看上去与那些我们进行比较时说是一样的感觉相去甚远。对火焰的感觉，那种热作用于我们的方式完全不同于触觉；对声和光的感觉，对于我们来说这一切都是神秘的，可是它却实在得像一块石头一样。确切的是，细微的精神钻进我们的血管里，总能碰触到其他的神经，不过向来只有少量的神经才可以被碰触到。

299

记忆对于所有的理智来说，都是必要的。

300

（机会能够激发思想，同时也能消灭思想。要想保留或获得思想没有任何技巧可言。

思想从我身上逃离。我想把思想写下来，但我写下来的只是它从我身上逃离的。）

301

（在我很小的时候，我会把我的书抱紧。因为有时我觉得……相信我把它抓紧了，但我却感到疑惑……）

302

在把我的思想写下来的时候，它有时逃离了我，但这使我记起了我总是会忘记自身的脆弱。这一点，就像我那遗忘的思想一样带给我启发，因为我只是在努力了解我的虚无。

303

怀疑主义。——我将在这里把我的思想毫无条理地写下来,但可能并没有处于无意识的混乱之中。它将一直以它的无序来说明我的对象,这才是正确的秩序。如果我想给我的主题增加荣耀,我可以把它处理得井然有序,但我只想显示它是不可能有顺序的。

304

最令我感到惊讶的是,我看到世人并不惊讶于他们自身的脆弱。人类的行动非常认真,每个人都遵循着自己的生活模式,好像每个人都确切地知道理智和正义的所在,而不是因为遵循它能够得到什么切实的好处(既然它是一种习惯)。他们发现自己一直在被人欺骗,因为一种滑稽的谦卑使他们觉得这不是那些他们总是自诩能把握的人为的过错,而是他们自己的过失。但奇怪的是,在世界上竟然有这么多人,为了显示人类是完全具有最奇特见解的,为了怀疑主义的荣耀而毫不怀疑。因为他居然能相信自己处于天赋的智慧之中,而不是处于那种天生的不可避免的脆弱状态之中。

没有什么比有些根本就不是怀疑主义者的人更能强化怀疑主义；要是所有人都是怀疑主义者，那么他们就错了。

305

（曾经有很长一段时间，我都相信正义的存在，在这一点上我没有错。因为从上帝想向我们揭示它来说，正义就是存在的。然而我并不是这样想的，在这一点上我错了。因为我相信正义在本质上是公正的，而且我有办法对它加以认识和判断。然而我经常发现我的判断并不正确。最后，我开始对自己产生了怀疑，也怀疑别人。我看见所有的国家和人们无一不在变化，因此我不得不在自己对正义的判断经过许多次的改变之后，承认我们的本性只是在不断地变化，而我从此就不会变化了。因为假使我改变了，我就可以对我的说法加以证实。阿赛西劳斯古希腊哲学家，推崇皮罗主义，创建了雅典新学院就从怀疑主义者变成了教条主义者。）

306

这个派别从它朋友的身上得到的加强远没有从它敌人身上得到的多。因为人类的脆弱在那些了解它的人身上不如在那些不了解它的人身上表现得明显。

307

对爱慕虚荣的人来说,他们骄傲的根源就是谈论谦卑;对谦卑的人来说,他们谦卑的根源却是谈论谦卑。因此,谈论怀疑主义能使相信者更加坚定。很少有人高尚地谈论贞洁,很少有人谦逊地谈论谦卑,很少有人怀疑地谈论怀疑主义。我们仅仅是在说谎、欺骗、自相矛盾,我们在隐瞒和伪装自己。

308

怀疑主义。——过度,如指责过度的聪明是疯狂。没有什么东西是好的,除了中庸。这一点已经被大多数人确定了,并且把那些想从任何一端躲开它的人所犯的错误找了出来。我对此不表示反对。因为它是极端的位置，而不是因为它是低下的，所以我非常同意被放置在这里，而且拒绝被放在下端。因为我对于把我放置在上端同样表示拒绝。参见拉·布鲁意叶的《论幸运》。离开了中庸就意味着将人性都放弃了。人类灵魂的伟大之处就在于懂得如何把握中庸。伟大是绝不要脱离中庸，而绝不是脱离中庸。

309

自由过多并不是一件好事情。所有的需求都得到了满足也不是一件好事情。

所有好的箴言都在世界中，我们要做的只是运用它们。例如，我们毫不怀疑为了捍卫公共的幸福应该不惜付出生命的代价。

不平等肯定存在于人与人之间，这一点毋庸置疑。然而承认了这一点，就表示给最高的统治权和最高的暴政敞开了大门。

我们必须让我们的精神稍微得到放松。然而这给最大的堕落行为提供了借口。让我们把它们的界限标出来吧（这里是虚拟反问）。但事物是不存在界限的。把它们放置在那里的是法则，而精神却不能忍受它。

310

当我们特别年轻时，我们不能很好地作出判断。因此，当我们年纪很大的时候，我们也不能很好地作出判断。假使我们考虑得不充足，或者假使我们对一件事情考虑得太多，我们就会对它固执己见或者变得头脑不清楚。假使有人在完成了一件作品之后马上对他的作品作出判断，那么这个人会因自己对作品的偏好而缺乏判断力；假使时间拖得太久，那么他就无法再进入作品的精神当中。观察一幅绘画时站得太近或太远，也是这样。观察它们时只有一个合适的点是正确的位置，其余的点要么太近，要么太远，要么太高，要么太低。在绘画艺术上，这一个点是由透视学决定的。但在真理和道德上，这一个点是由谁来规定的呢？

311

当所有的事物都像在船上那样摇摆时，看上去没有什么是摆动的。如果所有人都倾向于放荡玩乐，就没有人看起来是浪荡的。只有停下来的那个人，才能成为一个定点，发现别人的过度行为。

312

行为放纵的人对生活节制的人说,他们偏离了自然的轨道,只有自己是在遵循自然。就像坐在船里的人觉得岸上的人在移动一样,这种说法在所有的方面都差不多。为了作出判断,我们必须有一个定点。泊船港可以为那些坐在船里的人提供判定,然而在道德上我们又该以哪里为港湾呢?

313

矛盾是真理的一个坏标志。有些确定的事物存在矛盾,有些错误的事又不具备矛盾。矛盾并不代表错误,不矛盾也不代表就是真理。

314

怀疑主义。——在这儿,所有的事情都是有的部分真实,有的部分虚假。绝对真理并非如此,它是完全纯粹且正确的。这种混杂玷污并摧毁了真理。什么都不是纯粹真实的,所以在真理指的是纯粹真理时，一切都是虚假的。你说杀人犯是有罪的，这没错。因为我们对于错误和邪恶已经非常了解。不过你说的好事又指的是什么呢？是贞洁？我以为不是，因为世界会走向灭亡。是婚姻？也不是，节欲比它好多了。是不杀害？还不是，因为无法无天非常可怕，坏人将会把所有的好人都杀掉。是杀害？也不是的，因为那将会使人性遭到摧毁。我们拥有的只是部分真理和美好，虚假和罪恶掺杂在里面。

315

假使我们每天晚上梦见的事物都相同，那么它对我们的作用就好比我们每天都看到的对象。假使一个工匠每晚有十二个小时都梦见自己成了国王，我觉得他可能和一个每晚有同样长的时间梦见自己成了工匠的国王一样幸福。

如果我们每晚都梦见自己被敌人追杀，并且因为这种痛苦的幻想而感到苦恼，或者梦见我们每天都做着不同的工作，如同我们旅行时一样，那么我们受的苦就与这些是真实的时候没有差别，而且我们会对睡觉产生惧意，就像当我们害怕这种灾祸会进入现实中而惊醒一样。而且，确切地，它会导致和真实情况一样的恶果。

不过因为梦境各不相同,而且每一个单独的梦又是错综复杂的,所以与我们醒时所见的相比,我们在梦里所见的对我们的作用小,因为醒是连续发生的,不过它也不是平坦到没有变化的,只是它变化得没有那么突然而已。除非是很特殊的时候,比如在我们旅行时,那么我们说:"我似乎在做梦。"因为生命就是一场没有那么多变化的梦。

316

(也许有真正的证明,不过并不确定。所以,这一点并没有对其他事物做出证明,而仅仅证明了一切都不确定这件事确实是不确定的,这是怀疑主义的荣耀。)

317

好的意识。——他们迫于无奈不得不说"你的善良的信念没有付诸行动""我们没有睡觉",等等。这傲慢的理性谦卑和哀求是我非常喜欢看的!因为这种语言不是那些他的权力受到争议，而他的手中有武力可以用来捍卫权利的人的。他不会愚蠢到去说人类善良的信念没有付诸行动，但他却会用武力对这邪恶的信念做出惩罚。

318

反对怀疑主义。——（……那么这个事实非常奇怪，即我们无法毫不含糊地对这些东西加以限定，即使我们在谈论它们时是完全确信的。）我们假设所有人在理解它们时用的都是相同的方式，但是我们假设的这一点毫无根据，因为我们没有对它做出证明。我确实看到人们在相同的场合运用相同的语言，并且每当有两个人看到一个物体的位置发生移动时，他们都会用同样的语言发表他们的看法，他们都会说这个物体移动了。于是我们从这种运用语言的一致性中，得出了有关思想一致性的强烈信念。尽管我们可以打赌说它是肯定的，但这一点并不绝对地、最终地令人信服，因为我们知道自己经常从不同的前提得出同样的结论。

至少这一点足以混淆问题。并非说它完全能够熄灭那使我们确信这些东西的与生俱来的光明。也许学院派会取得胜利。学院派中的怀疑主义者对那些怀疑他们自身的怀疑论者也持反对态度。不过这一点使它黯然，也使教条主义者苦恼于怀疑主义者的荣耀，怀疑主义正是在于这种怀疑的模糊不清和我们的确切怀疑的模棱两可中，即我们的怀疑并不能将我们所有的清晰都消除，而我们与生俱来的光明也不能驱走所有的黑暗。

319

奇特的事情就是进行想象：世界上有许多人，已经把自然的所有法则都抛弃了，还自己制定了法律并且严格遵守它。逻辑学者这里所说的逻辑学者是指那些过分推理的怀疑主义者也是如此。它看起来好像是既然他们已经使这么多公正和神圣的东西遭到损坏，那么他们的权力就应该是不存在任何界限和阻碍的。

320

斯多葛派、怀疑主义者、无神论者等，他们的所有原则都是真的，然而由于相反的原则也是真的，所以他们的结论是荒谬的。

321

本能、理智。——所有的教条主义都难以克服我们对作证的无能为力。我们对真理也具有一种怀疑主义难以克服的想法。

322

本能和经验教给了人类全部的人性。布伦士维格曾说："本能"即对幸福的渴望；"经验"即对人类的不幸和堕落的认识。

323

人类的伟大就在于他们知道自己是不幸的。一棵树对自身的不幸一无所知。也就是说，认识自身的不幸是不幸的，但认识自身不幸的缘由却是伟大的。

324

所有这些不幸证明了人类有多么伟大。它们是一位作废了的国王的可悲，是一位伟大的君主的不幸。

325

我们意识不到不幸就不会不幸。一座荒废的房屋是不会觉得自己可怜的。只有人才会感到不幸。我是有过遭遇的人。原文为拉丁文，出自《耶利米哀歌》第3章第1节。

326

人的伟大。——我们对人类的灵魂所具有如此伟大的想法，使得我们无法忍受它被藐视，或者没有得到其他灵魂的尊重。而这种尊重就是人类全部幸福的来源。

327

光荣。——畜生是不会羡慕彼此的。一匹马不会羡慕自己的同伴，并非因为它们在赛马中没有竞争，而是因为那产生不了什么影响。因为在马厩里，即便是最笨最蠢的马也不会把自己的燕麦给别的马，就像人们希望别人为他们这么做一样，自足才是它们的德行。

328

伟大。——效果的动机将人类的伟大加以指明,即从欲望中将如此公平的一套规则摘取了出来。

329

对光荣的追求是人类最低下的伟大。但这也是人类优秀的最大标志。因为不管他在地球上有多少财产,也不管他多么健康和舒适,只要他得不到人类的尊重,他就不会觉得满足。在他眼里,人类的理智是如此崇高,以至于不管他在地球上拥有的优势有多大,只要他在别人的评价中没有占优势,他就感到不满意。这个位置是世界上最好的。什么都无法转移他的这种愿望,这就是人心中最难以磨灭的品性。

而那些最鄙视人,并把人和畜生等同起来的人,还是希望获得人们的羡慕和信仰,尽管这与他们的感情互相矛盾。他们那比一切都强势的天性使他们对人类的伟大十分信服,这比理智使他们对自己的渺小感到信服更有力。

330

矛盾。——骄傲可以弥补任何不幸。人类要么将自己的不幸隐藏起来,要么,一旦他揭示了自己的不幸,他就因认识了这些不幸而感到骄傲。

331

骄傲弥补并消除了所有不幸。这个怪物十分奇特,这个偏离也十分清晰。他从自己的位置上跌下来,并在急切地寻找它。这件事所有人都在做。让我们看看谁能把它找出来吧。

332

当有理智支持恶意的时候,它会变得高傲并以自己的全部光彩来对理智加以炫耀。当真正的美好无法借由严厉或冷酷的选择达到,而必须回头去追随天性时,它就因为这倒退的理智而变得傲慢。

333

恶是容易的,而且方式无限多;善几乎是唯一的。毕达哥拉斯学派认为恶是无限的和不确定的,而善是有限的和确定的,参见蒙田的《文集》第1卷第9章。但有某种恶是难以被发现的,就像我们所谓善一样。有鉴于此,这种特殊的恶经常被人们当成善。像达到善一样,要有非常伟大的灵魂才能达到。

334

人类的伟大。——人类的伟大明显到即便是从人类的不幸中也可以得到证明。因为对动物来说是天性的东西,对人来说就是不幸。我们由此可以意识到,现在人的天性既然有和动物相似的地方,那么他就是从曾经的更好的天性中跌落下来了。

除了被罢免的国王之外,谁会因为不是国王而感到不幸呢?不再是执政官的保罗·哀米利乌斯保罗·哀米利乌斯于公元前182年与前168年两次担任罗马执政官,并在第二次任执政官时战胜了马其顿王珀尔修斯。参见西塞罗的《托斯库兰论》第5卷第40章就是不幸的吗?相反,每个人都认为他担任过执政官就是幸福的了,因为官员的任期只能是一段时间。然而人们觉得不再是国王的珀尔修斯马其顿末代国王，前168年被保罗·哀米利乌斯击败并俘虏就十分不幸了，因为王室的情况表示他原本永远是国王，因此人们对他如何能忍受自己的生命感到奇怪。没有人会因为自己只有一张嘴而感到不幸，也没有人会因为自己只有一只眼睛而感到幸福。谁都不会哀悼自己没有三只眼睛，可如果连一只眼睛都没有的话，那就难以慰藉了。

335

马其顿王珀尔修斯。——珀尔修斯因不肯自杀而受到保罗·哀米利乌斯的责备。

336

虽然所有不幸的场景使我们的咽喉感到压迫和窒息，但有一种我们无法抑制的本能在使我们感到振奋。

337

人类理智和情感之间的战争。

假使他只有理智没有情感……

假使他只有情感没有理智……

然而既然拥有了二者,他就无法避免纷争。他不能和这一个和平相处而和另一个不发生纠纷。所以他一直在分裂,在反抗他自己。这里的意思是说,一个人如果只有理智而没有情感,或者只有情感而没有理智,他就不会陷入纠结。

338

理智与情感的内在战争把渴望和平的人分成了两派。一派愿意放弃情感而变为神灵,另一派愿意放弃理智而变为残暴的禽兽 指戴巴鲁,以荡子闻名。然而不管是哪一派都无法做到这一点,因此情感依然活跃在那些想放弃它们的人的身上,同时理智也依然保留着谴责情感的卑鄙和不公正,并将那些深陷其中的人的宁静扰乱。

339

人类的愚妄是如此不可避免,以致竟将不愚妄的与另一种形式的愚妄等同。意即最大的愚妄就是想要拥有完全的智慧。参见拉·罗煦福高的《箴言集》第231节。

340

观察人类天性的途径有两种:一种是根据目的进行观察,那么人类是伟大而不可思议的;一种是根据多数行为进行观察,就像当我们要对马和狗的本性做出判断时,通常来讲,我们对它的奔跑速度和守卫的能力进行理性观察,那么人类是下流无耻的。我们就是通过这两种途径对人做出不同的判断,而这也是在哲学家中引起争议的原因。

因为任何一方的假设都被另一方否认了。有一方说:"他的存在不是为此,因为他的一切行动都在反对它。"另一方说:"当他做出这些卑鄙的行为时,他已经背弃了他的目的。"

341

为波·罗即为波-罗雅尔而写。伟大和不幸。——伟大是从不幸中推论出来的,而不幸也是从伟大中推论出来的,有些人以人类的伟大作为证据,推断出人类的更深层次的不幸,其他人从人类格外的不幸中推断出人类所有更深层次的伟大。所有凡是一方可以用来证明他伟大的证据,都会被另一方用来证明不幸,因为我们从越高的地方落下,就越是不幸,反之亦然_{意即我们越是不幸,就说明我们站得越高}。在无休止的循环中每一方都被带到了另一方。可以确定的是,随着人类身上拥有的光明越多,他们就会发现人类既是伟大的又是不幸的。总而言之,人能够认识自己的不幸。他是不幸的,因为他天生这样;然而他又是伟大的,因为他能够认识不幸。

342

人类的这种两面性明显到有些人_{这里指蒙田,参见蒙田的《文集》第2卷第1章}觉得我们有两个灵魂。一个单一的主体看起来大概不可能突然发生转变,内心从一种极端的颓废转变为一种过分的傲慢。

343

让人类太清晰地看到他等同于禽兽，而没有将他的伟大显示给他，则是危险的。撇开人类的罪恶，让他太清晰地看到自身的伟大，也是危险的。让他对这两者都一无所知，这是更加危险的。不过要是把这两者都显示给他看，那就十分有益了。不能让人类觉得他与禽兽或者天使等同，也不能让他对自己天性的两个方面一无所知。他必须同时满足这两方面。

344

我将不能容许人类依赖自己或者他人，目的就是让他们无依无靠又不得安宁……

345

假使他贬低自己，我就称赞他；假使他称赞自己，我就贬低他。我会一直和他作对，直到他觉得自己是一个不可理喻的怪物为止。

346

对于那些选择称赞人类的人,那些选择贬低人类的人,那些自得其乐的人,我都要予以责备。只有那些怀着忧伤而去追求的人才会获得我的赞许。

347

让我们向救世主伸出双手的最好方法就是,让我们由于盲目徒劳地追求真正的美好而感到疲劳和厌倦。

348

对立面。在证明了人类的伟大和恶劣之后。——现在就让人类对自身的价值进行了解吧。让他因自己身上有一种美好的天性而热爱自己,但不要让他因此也对他身上的恶劣产生热爱之情。让他因为这种能力是无用的而鄙视自己,但不要让他因此鄙视这天生的能力。让他喜爱自己,让他讨厌自己。尽管他具有认识真理和达到幸福的能力,但他并不拥有真理,不管是满意的真理还是永恒的真理。

所以,我要指引人类产生寻找真理的渴望。既然他知道自己的知识是怎样被情感遮蔽的,那么就从情感中解脱出来,并准备随时追随他可能发现的真理。我确实在指引他恨自己身上特定的欲望,为的是让欲望不能在他做决定的时候蒙蔽他,也不能在他做出决定后对他进行干扰。

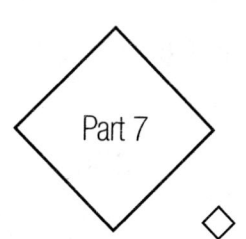

相信且坚持下去

没有信仰的人无法懂得真正的美好。真正的美好应当是所有人能同时享有的美好,它不会减少,也不会激起嫉妒,更没有人会失去。

349

一旦丧失真正的本性,所有东西都会变成它的本性;与此同理,一旦丧失真正的美好,所有东西都将变成它的美好。

350

人类并不清楚应该把自己置于何地。他彻底误入歧途,从自己真正的位置上跌落下来,却不能再找到它。他焦急而无效地在不可预知的黑暗中到处追寻它。

351

人类的不幸在于使自己向禽兽屈服,甚至对禽兽加以崇拜。

352

怀疑论者的主要争论。——我将次要的一点撇开——就是,除信仰和启示之外的原则的真理性是我们无法确定的,除非我们自己能够天然地感觉到它们。现在,这种天生的直觉性无法成为它们的真理性的一个令人信服的证据。既然除信仰外,我们无法确定人类究竟是被一个作恶的魔鬼创造的,还是被一个美好的上帝创造的(这里的论证仿照了笛卡儿《沉思录》第一篇的论证方式),或者只是出于偶然。因此就我们的起源来说,我们还不确定所接受的这些原则到底是真是假,也就产生了疑问。再说,除了信仰之外,谁也没有把握确信他是醒着的还是睡着的,因为和我们在醒着时所做的一样坚定,在睡梦中我们相信自己是醒着的。我们相信自己看到了数字、空间和运动;我们感受到了时间的流逝,我们计算着它。但实际上,我们做的如同我们是醒着的。因此,我们在睡梦中度过了生命的一半时间,不管我们怎样幻想,我们都不具备任何真理的观念。既然我们的一切直觉都是幻觉,哪个人能知道我们生命的另一半时间(我们自以为是醒着的)和后者(我们从自以为睡着了之中醒着的那样)是否一样,只不过是略有区别的另一场梦罢了。

(哪个人会怀疑,假设我们梦见在一起,而梦境又意外相似,这是常常出现的情况,而我们醒来时总是感到孤单,我们可能会觉得事情发生了颠倒?总而言之,既然我们常常梦见自己在做梦,梦中也有梦,那么我们生命中自以为醒着的这一半时间,它本身难道不会只是一场梦吗?其他的梦都在这个梦中被融合到一起，直到我们死亡的一刻才会醒来，我们在这一过程中拥有的真和善的真理就如同在自然的睡梦中一样少，也许就像飞逝的时光和我们梦中的虚幻的景象一样，这些扰乱着我们的不同的想法也只是幻觉？）

双方的主要争论就在这里。

次要的点被我忽略了，比如怀疑主义者提出了反对教育、习俗、态度、国家和相似性的痕迹。虽然这些东西对那些只用这些浅薄的基础去武断地做主张的普通民众中的大部分产生了影响，但怀疑论者却毫不费力地把它们推翻了。如果我们对此信服得还不彻底的话，那么我们只要去看看他们的书，就会立刻信服，可能还嫌太多了。

我要对教条主义者唯一的强势进行评论，那就是，当我们怀揣美好的信念并真诚地交谈时，我们是不会对自然的原则产生怀疑的。而怀疑论者用诸如我们起源的不确定性（涉及我们的天性）之类的字样来反对这点。从世界存在开始，教条主义者就一直在试图回答为什么会有这种反对。

这是人类间的公开的战争，人人都是这个战争中的一份子，并且要么支持教条主义，要么支持怀疑主义。因为一个人如果想要保持中立，他首先必须是一个怀疑论者。这种中立性是派别的本质。那对他们没有持反对意见的就是基本支持他们的。（他们的优势在这里就显示出来了。）他们并不拥护自己。他们是中立的、对一切事物都不确定的、置之度外的，甚至就连他们自己也不例外。

但是，在这种情况下人该怎么办呢？他要怀疑所有事物吗？怀疑他是醒着还是睡着？怀疑他有没有被逮捕？怀疑他是不是存在？怀疑他有没有在怀疑？怀疑他是不是被烧死了？我们达不到这种地步。而且我还想说，实际上彻底的怀疑论者根本就没有存在过。天性维持着我们脆弱的理性，阻止它热切地评论到这种程度。

那么与此相反，他能说他真的拥有真理吗？——只要稍微对他施压，他就显得没有立场了，而且不得不放弃自己的主张。

人是如此狂妄、如此奇特、如此怪异、如此混乱、如此矛盾、如此惊人啊！人不仅是一切事物的审判者，还是地上愚蠢的可怜虫；不仅是真理的收藏所，还是错误和不确定的阴沟；不仅是宇宙的荣耀，还是宇宙的弃物。

谁将把这场纠纷解开呢？怀疑论者被天性驳倒了，教条主义者被理性驳倒了。那么，人类啊，当你们试着用自己天生的理智去探寻你们的真实情况是什么的时候，你们会变成什么样

197

子呢？你既不能躲避这两个派别中的任何一个，也不能忠于其中的任何一个。

那么，骄傲的人啊，请你们看看自己有多么矛盾吧。脆弱的理智啊，使你自己保持谦卑吧；愚蠢的天性啊，使你自己保持沉默吧。要知道人类是无限地超越自身的，并从你的主人那里知道你的真实处境——你是无知的。

实际上，因为假使人类从来不曾堕落的话，那么他就会在他的单纯中厚颜无耻地享受真理和幸福；同时，假使人类一直在堕落的话，他对真理和天赐的幸福就不会产生任何概念了。然而，我们是这么不幸，比假使我们的处境中从来没有伟大还要不幸。我们有幸福的愿望，但却难以实现它。我们能够感觉到真理的影像，但又只能获得谎言。我们既做不到绝对无知，也做不到绝对全知，所以，我们以前曾经明显地处于一种完美的境界，可不幸的是我们却从中跌落下来了。

不过，最令人感到惊讶的是，那罪恶的传递这里所说的"罪恶的传递"是指原罪就是距离我们最遥远的神秘。实际上，如果没有它，我们就难以认识自己。因为什么都不如说最初的人的罪恶使那些如此远离这种罪恶根源而且好像不可能参与这一罪恶的人也有同样的罪恶更让我们感到震惊了，这一点毋庸置疑。这种传递是非常不公正的，对我们来说它也是不可能的。没有什么比因为那看似几乎与一个毫无意志的婴儿无关的，在他出生的六千年之前即传说中亚当在世的年代所犯下的罪恶而永远地惩罚他更加残暴地侵犯我们了。可是，如果没有这种神秘指罪恶的传递，没有这一切事物的最不可理解性，我们就无法理解自己。我们处境的症结使它在这个深渊中迂回旋转，以至于人类如果没有这种神秘就会变得难以想象，这种难以想象对人而言比这一神秘的不可思议更加不可思议。

353

脆弱性。——人类的每一个追求都是为了获得财富。然而他们不能稍稍显示一下他们是公正地拥有财富，因为他们有的只是人类的幻想，他们没有力量将它牢固地把握住。知识的情况也是这样，因为疾病就可以把它带走。我们获得不了真理和美好。

354

我们渴望真理，但我们却只在自己身上找到了它的不确定性。

我们追寻幸福，但我们发现的却只是不幸和死亡。

我们无法不渴望真理和幸福，然而我们却对确定性或幸福无计可施。这种渴望留给我们的，部分是对我们的惩罚，部分是让我们知道了自己是从哪里坠落下来的。

355

堕落了的天性。——人类的行动根据并不是构成他存在的理智。参见拉·罗煦福高《箴言集》第62节。

356

如此多的不同又放纵的习俗的存在是理智堕落的表现。为了使人类不再局限于自身之中，真理就十分有必要出现了。

357

人类真实的天性、真正的美好、德行，都是和知识紧密相关的。

358

对人来说原罪是愚蠢的,但它却被定义成这样。所以,你不应该对我在这个学说上缺乏理智加以责备,尽管我承认它缺乏理性。但与人类的所有智慧相比,这种愚蠢更明智,也比人更有智慧。原文为拉丁文,参见《哥林多前书》第1章第25节。因为要是没有这一点的话,我们还可以说人类是什么呢?他的全部状态依赖的都是这难以理解的地方。既然这件事情是违背理智的,而且理智不能用自己的方式发现它,当它呈现在理智面前时,理智也会反对它,那么它又怎么才能被人的理智察觉呢?

359

难道可以说,就像人类宣称的那样,正义已经离开了大地,所以人类认识了原罪?——在死前没有人是幸福的。原文为拉丁文,参见奥维德的《变形记》第3篇第135节。——也就是说,人类知道死亡是永恒和本质的幸福的起点了吗?

360

人类充分地看到了天性的堕落,而人类对德行又是持反对意见的。但他们却不知道自己无法飞得更高的原因。

361

顺序。——在谈论堕落之后我们说处于那样的状态中的所有人(不论对它是否满意)都应该认识它,这是公正的;然而要让所有人都看到赎罪,就不公正了。

362

假使我们不知道我们是被野心、骄傲、欲望、不幸、脆弱和不正义充满,我们就真的是瞎子。同时,如果我们知道这一点,却不希望进行补救,那么我们该怎么说人类呢?

363

一切人类天生都是仇视对方的。他们最大限度地使用欲望以使它服务于公共的幸福。但这只是一个伪装和爱的假象。因为它在最深处只是仇恨。

364

同情不幸的人并不违背欲望。相反，我们完全可以把这种友好的证明很好地拿出来，无须付出任何代价就能获得友善的名声。

365

人类从欲望中发现并摘录出关于道德、政治和公正的优秀准则。然而实际上，人类这种卑鄙的根基和罪恶的创造并没有被消除，它只是被掩盖了起来。原文为拉丁文，参见《诗篇》第103篇第14节。

366

不正义。——他们布伦士维格认为"他们"指诚实的人。诚实的人渴望能够同时使自己和他人满意找不到任何方法可以满足自己的欲望，同时又不伤害他人。

367

自我是可恨的。而你却在为它进行掩饰。你并没有因那理智而把它摧毁，所以你就一直是可恨的。

——不是的。就像我们在行动中服务于所有人一样，我们哪有更多的机会来恨我们自己呢？——没错，是这样，我们只是仇恨自我所产生的苦恼罢了。但假使我因为它是不公正的，因为它使它自己成为所有事物的中心而仇恨它的话，那我将一直仇恨它。

总而言之，自我有两重性质：既然它使自己成了所有事物的中心，那么就可以说它自身是不公正的；既然它剥夺了别人的自由，那么就可以说它对别人造成了干扰。每一个自我都是其他人的敌人，也是其他人的暴君。你可以消除它的不便，但不能消除它的不公正，因此你不能使那些仇恨它的不公正的人认为它是可爱的，你只能让那些已不再从它身上发现敌人的不公正的人觉得它变得可爱。这样，你依然是不公正的，而且只能让那些不公正的人感到高兴意即由于本性使然，人就要高傲地想着自己，而且只能这样想着自己。参见拉·布鲁意叶的《人论》。

368

这种判断是反常的:人人把自己放在所有世人之上,喜爱自己的财富及其延续和生命的延续胜过世界上其他人的财富、幸福和生命!

369

每个人对他自己而言就是所有。因为对他而言,他一死,一切都将死去。所以出现了每个人都相信自己对于所有人来说就是一切的情况。因此,我们应根据天性本身,而不应以我们自身来判断天性。布伦士维格的注释:我们不应以自己的感觉为标准去判断人性,而应以人世生活的现实为标准判断人性。

370

三种欲望形成了三种派别。而哲学家所做的事情只不过是追随这三种欲望中的某一种而已。

371

寻找真正的美好。——一般人把美好定位在运气和外在的事物之中,或者,至少定位在娱乐之中。哲学家将这一切的虚荣都揭示了出来,并把它定位在它该在的地方。

372

哲学家。——我们充满了那些要使我们脱离自身的东西。

出于本能,我们感觉必须在自身之外追求我们的幸福。即便是在没有出现什么对象来激发我们的感情的时候,它们也迫使我们向外。外在的事物本身就对我们充满了诱惑,它们在召唤我们,哪怕是在我们没有想到它们的时候。所以,虽然哲学家说"回归你自身,在那儿你将发现自己的美好",但只是徒劳。我们对他们并不信任,而那些相信他们的人都是最空虚、最愚蠢的人。

373

斯多葛派说："回归你自身,在那儿你将发现自己的美好。"但这是假的。

又有别的派说："走出你自身,你可以在娱乐中寻找幸福。"但这也是假的。灾难就要降临。

幸福并不在我们之内也不在我们之外。也可以说,它既在我们之中又在我们之外。

374

效果的动机。——爱比克泰德。有些人说："你有头痛的病症参见爱比克泰德《论文集》第4卷第6章,这并不相同即这和正义并不相同。"我们可以确定自己的健康,但我们不能确定正义。实际上,他的话本身并没有什么意义。

可是,当他说"它或者在我们的能力之中,或者在我们的能力之外"时,他相信它是可以证明的。然而他没有意识到我们无法用自己的能力调节内心。参见爱比克泰德《论文集》第4卷第7章。

375

我认为我可以不存在。因为我的思想是由自我组成的。所以，我这个思想者，可能并不存在。假使在我出生之前我的母亲被杀害了，那我就不是一个必然的存在。同样地，我也不是无限的或永恒的；然而我清楚地看到了自然界中有一个无限的和永恒的必然存在者。参见拉·布鲁意叶的《论坚强的精神》：我以外的某种东西导致了我的有生之始、我的继续存在；在我以后它将继续存在，并且比我更优越、更有力。

376

认为人们应该使自己附属于我的那种想法是不公正的，虽然他们很乐意这样做。我会对那些我曾经在他们身上制造了这种渴望的人进行欺骗。因为我不是任何事情的归宿，也找不到方法来满足他们。难道我会永远不死吗？所以，他们的归属的对象也会死去。因此，如果我让人相信了一种谎言，我就该受到责备，即使我用的是温和说服的方式，即使人们愿意相信它，即使这也让我感受到快乐。同理，如果我使人们爱我，并且如果我引诱其他人归属我,我也应该受到责备。我应该向那些准备同意谎言的人们发出警告,告诉他们不要相信谎言,不管这谎言会给我带来什么好处。

377

自我意志布伦士维格注释:自我意志是与出自上帝的神恩相对而言的,指的是出自我们自己的意志永不会感到满足,虽然它能控制它所要控制的所有。但一旦我们放弃它,我们就会马上觉得十分满意。没有它,我们不会感到有任何不满意;有了它,我们就无法感到满意。

378

让我们想象一个身躯拥有充满了思想的肢体吧。参见《哥林多前书》第12章第12节。

379

肢体。从这里开始。——我们必须想象一个充满了思想的肢体的身躯，而且必须看到每个肢体应该怎样爱它的自身，以使我们对于自己应有的爱有规则……

380

如果手和脚都有自己的意志，它们必须使自己的特殊规则服从控制着全身的最主要的规则，否则，它们就不能各得其所。除此之外，它们还会变得混乱和损坏，只有在整体的利益中，它们才能实现各自的利益。

381

如果脚只有对自身的爱和知识，总是无视它所归属的身体，无视这个它所依赖的身体的存在，当它最终明白它是归属它所依赖的身体时，它将因为自己过去的生命而感到无比遗憾和惭愧，因为对于那鼓舞它的生命的躯体来说，它没有任何的用处，因为假使躯体抛弃了它，就像它使自己脱离躯体一样使它脱离躯体，那么躯体就会把它消灭！无比祈祷自己能在其中得以保全啊！应该如何顺从才能使自己服从于控制着身体的意志的统治，甚至在必要时同意将自己砍掉，不然的话，它将失去作为肢体的品质！因为只有躯体才是大家要维护的统一体，每一个肢体都必须完全甘愿为躯体而牺牲。

382

说我们值得别人的爱戴，这不真实。假使我们对此非常渴望，就是不道德的。假使我们天生就非常明智和公正，并知道自己和其他人的话，我们就不会赋予我们的意志这种偏心了。然而，我们却生来就是这样。所以，我们天生是不公正的，所有人都偏心自己。这一点与所有的准则相违背。我们应该考虑的是普遍的东西。偏心自我是所有混乱（政治、战争、经济、自身之内）的开始。所以，意志是堕落的。

假使自然和公民的共同体的每一个成员都能偏心整体的福利，那么这个共同体应该去寻找另一个自身也成为一员的更普遍的整体。所以，我们应该去寻找整体。所以，我们天生是堕落和不公正的。

383

他们应该有一个意志，以组成部分幸福，并且应使这个意志服从整体。

384

我们很少能被拉西第蒙人拉西第蒙人也就是古斯巴达人，以勇武著称和别的人高贵的慷慨就义的事迹打动。因为那并不能给我们带来什么好处。但我们却被那些殉道者的死亡的例子打动了。因为他们是"我们的肢体"参见《罗马书》第12章第5节。有一条共同的纽带连接着我们与他们。他们的决心能成为我们的决心，并不只是例子，而是因为它大概能使我们坚定。

385

作为整体的一个组成部分，除了根据整体的精神并且为了整体之外，就没有生命，也没有存在和运动。

把组成部分分离开,就只是一个败坏的和垂死的存在,而无法看到它所归属的那个整体了。可是,它却相信自己是完整的,而且因为它看不到自己所依赖的整体,于是就以为它只依靠自己,并且渴望自身能够成为整体和中心。但它自身之中并不存在生命的原则,于是它就只能走歪路,与此同时因为它实际上认识到它不是整体,然而又看不到它所依赖的整体,所以它就因为自身存在的不确定性而感到惊慌。总而言之,当它终于了解了它自身时,它就如同回到了自己的家中,而且只会为了整体而爱自己。它会对自己过去的荒唐而深感悔恨。

由于自身的天性,它除了爱它自己和那些听从于它的事物之外,它不爱别的任何东西,因为每一种事物都是偏心自己的。不过在爱整体的时候,它爱它自身,只因为它是整体之中的一员,通过整体并为了整体而生存。

手,假使它有意志的话,它就应该以同样的方式来爱自身,如同它被灵魂所爱一样。所有超出这范围的爱都是不正当的。

386

那么,憎恨自我(因为我们有欲望,所以我们是可恨的)

就成了唯一真实的德行，并且我们还要寻找一个真实可爱的存在者来爱。但因为我们无法去爱超出我们自身的事物，所以我们要寻找的存在物必须在我们自身之内，而这又不能是我们自己。对每一个人和所有的人来说，这一点都是真实的。如今，只有那普遍的存在者才能做到这些。我们之中也有普遍的美好，它既是我们自身，又不是我们自身。

387

在人类尚且纯洁无知的时候，人类的尊严就在于运用和支配被造物，而现在则在于使自己从它们当中分离出来，并使自己屈服于它们。布伦士维格注释："使自己从它们当中分离"是为了使自己依附于上帝，"使自己屈服于它们"是为了使自己谦卑。

388

人类不习惯形成善恶标准，只是在发现了善恶已经形成后，他们才去补偿，所以他们就根据他们自身来判断上帝。这段是说人们常常把正义看作论功行赏，但正义并不是奖赏分配而是创造优点。

389

如果说活着而不去探求我们是什么是一种非常盲目的行为的话,那么一边信仰着上帝一边又过着罪恶的生活,便是一种可怕的盲目了。

390

经验让我们看到虔诚和善良有巨大的区别。参见蒙田的《文集》第3卷第13章。

391

对善与恶这样的措辞的理解。

392

第一步:作恶受谴责,行善受赞扬。
第二步:既不受赞扬也不受谴责。

393

任何东西对我们来说都有可能是致命的，哪怕是那些用以为我们服务的东西。就像在自然界中，如果我们走路不小心的话，可能被墙壁压死，还可能跌下楼梯摔死。

最细微的运动也能影响整个自然界，整个大海会因一块石头而起变化。因而，最细微的行动都会因其自身的结果而影响一切。所以，任何事物都是重要的。

我们在每一个行动中都必须看到，在行动之外，我们的过去、现在和未来的状态，以及其他所有与之相关的状态，并且看到一切与之相关的事物。那么，我们就会十分小心谨慎了。

394

《罗马书》第3章第27节。荣耀被排斥。依据的准则是什么呢？依据的行为又是什么？都没有，只依据信念。那么信念并不在我们的能力内，就像法则的行为那样，它赋予我们用的是另一种方式。

395

不幸让人绝望,骄傲让人自满。

396

……哪一种屈尊也不会使我们丧失善的能力,哪一种圣洁也不会使我们丧失免除罪恶的能力。

397

曾经有一天有一个人告诉我,从忏悔中走出后,他觉得很愉快,且充满自信。另一个人告诉我,他仍然心怀恐惧。于是我想,将这两个人合在一起的话就可以创造出一个好人,他们每一个人都缺少了另一个人所具有的情操。其他的事情往往也是如此。

398

那些认识他的主人的意志的人,因为他自身的知识而拥有更多的能力,所以将受到更有力的鞭笞。谁是正义的,就让他仍旧正义。原文为拉丁文，参见《启示录》第22章第11节。因为他拥有能力正是由于他的正义。那获得了最多的人，就被要求承担起更多的责任，因为他在这样的帮助下拥有了能力。

399

人的天性似乎由于它的两种无限——自然的无限和道德的无限，而做出相同的事情。因为我们往往会有高低、智愚、贵贱，以便贬低我们的骄傲或抬高我们的谦卑。

400

只有两种人：一种是罪人，他们相信自己是正义的；另一种是正义的人，他们相信自己是罪人。

401

我们深深地辜负了那些指出我们的错误的人。因为他们让我们苦修，他们教导我们说，我们是受人鄙视的。他们不阻止我们以后继续这样。因为我们还有很多别的错误使得我们可能为人所鄙视。然而他们准备给我们改正和免于错误的训练。

402

人是这样被塑造的：持续不断地告诉他，他是愚蠢的，他就真的相信了，并且他不断提醒自己这一点，以使自己相信。因为人是在独自同自己进行一场内在的谈话，让他对此好好地规划就非常有必要了：好的节操会被坏的交谈败坏。<small>原文为拉丁文，参见《哥林多前书》第15章第33节。</small>

403

对于服从，一个士兵的看法和一个加尔都西会<small>11世纪由圣布鲁诺创建的一个提倡苦修冥想的教派</small>的修道士的看法有什么不同呢？因为他们都是同样服从和依附，都是同样苦修。但士兵往往希望变成主人，却永远不曾变成主人。因为即便是长官和君主也永远只是奴隶和附庸。然而，他却永远期望着，并且永远在努力以求达到这一点。

反之，加尔都西会的修道士则发誓永远只是依附。因此，他们在永远的奴役上并不存在不同，他们都在永远受奴役。但在希望方面，士兵永远有希望，加尔都西会的修道士则永远没有希望。

404

虽然我不配亲吻而更配鞭挞，但我并不害怕，因为我有爱。